高等职业教育计算机类系列教材

MySQL 数据库技术应用

（微课版）

U0379210

主　编　张沛强　王双明

副主编　李希敏　张　雯　王　伟

　　　　刘　蔚　赵　飞

参　编　李　瑞　王　炎　白祎花

　　　　陈春谋　高盛朝

主　审　曹耀辉

西安电子科技大学出版社

内 容 简 介

本书以简洁明了的语言、丰富的案例，系统地介绍了 MySQL 数据库技术应用的相关内容。本书从初识数据库和 MySQL 环境配置开始，逐步阐述了数据库的创建和管理、数据表的创建和管理、数据操作和查询、数据库维护和高级功能(视图、索引和事务)以及数据库编程和综合案例。

本书既可作为职业院校计算机类相关专业和非计算机类专业的数据库基础或数据库开发课程的教材，也可作为计算机软件开发人员、从事数据库管理与维护工作的专业人员以及广大计算机爱好者的自学用书。

图书在版编目 (CIP) 数据

MySQL 数据库技术应用 : 微课版 / 张沛强，王双明主编 . -- 西安 : 西安电子科技大学出版社, 2025. 2. -- ISBN 978-7-5606-7518-3

Ⅰ . TP311.132.3

中国国家版本馆 CIP 数据核字第 2025M8Q177 号

策　　划　明政珠
责任编辑　雷鸿俊
出版发行　西安电子科技大学出版社 (西安市太白南路 2 号)
电　　话　(029) 88202421　88201467　　　　邮　　编　710071
网　　址　www.xduph.com　　　　　　　　电子邮箱　xdupfxb001@163.com
经　　销　新华书店
印刷单位　咸阳华盛印务有限责任公司
版　　次　2025 年 2 月第 1 版　2025 年 2 月第 1 次印刷
开　　本　787 毫米 × 1092 毫米　1/16　印　张　13.5
字　　数　316 千字
定　　价　48.00 元
ISBN 978-7-5606-7518-3
XDUP 7819001-1
*** 如有印装问题可调换 ***

前　言

随着信息技术的飞速进步，数据库技术已成为现代计算机科学领域不可或缺的重要基石。在这个日新月异的时代，MySQL 作为一款备受赞誉的开源关系数据库管理系统，以其高效、稳定、易用的特性，赢得了广泛的认可和应用。无论是在数据存储、检索还是管理方面，MySQL 都发挥着举足轻重的作用，成为众多企业和开发者首选的数据库解决方案。

本书旨在为广大读者提供一本系统、深入的 MySQL 学习指南。无论是数据库管理员、开发者还是相关专业的学生，都能从本书中获得有用的知识和实践技能。通过对 MySQL 的深入学习和实践操作，读者能够更好地理解数据库技术的原理和本质，掌握 MySQL 的核心技术和应用方法，进而提升解决实际问题的能力。

本书按照循序渐进的原则，详细介绍 MySQL 的基础知识、核心技术及实际应用，从数据库设计的基本原理到 SQL 查询语言的灵活运用，从性能优化的策略到安全性的保障措施，全面而深入地剖析 MySQL。书中包含丰富的案例分析和实践操作，帮助读者深入理解 MySQL 的运作机制，掌握其核心技术和应用技巧。

在内容编排上，本书注重理论与实践相结合。书中提供了大量的实际案例和练习，让读者通过亲身实践来巩固所学知识，提升解决实际问题的能力。同时，我们鼓励读者在学习过程中保持开放的思维，关注最新的技术动态，不断探索和创新。

技术发展日新月异，MySQL 也在不断地更新迭代，本书在编写过程中力求紧跟时代步伐，反映最新的技术发展成果。我们始终关注 MySQL 的最新版本和功能更新，并将其纳入教材内容，让读者能够学习到最前沿的数据库技术知识。

为了坚决贯彻党的二十大提出的"加强教材建设和管理"的内涵要求，全面落实《国家职业教育改革实施方案》《职业院校教材管理办法》和《"十四五"职业教育规划教材建设实施方案》等文件精神，高质量完成编写任务，我们组建了一支"双师"结构的编写团队，成员有教授、副教授、讲师及企业 DBA、高级工程师等。

本书以面向岗位胜任力的教学方法为导向，合理安排各项目的内容，并设计了大量的课堂实践和知识拓展，不仅提供了理论知识，更加注重实际应用。本书每个项目均附有案例，有助于读者将抽象概念与实际情境联系起来，加深对知识的理解和记忆，这也符合高职高专教育的特点。本书涵盖了数据管理、查询优化、事务处理等内容，无论读者是初学者还是具有一定经验的数据库开发人员，都能从书中获取新知识、数据查询技巧和设计开发灵感。总之，本书不仅是一本技术教材，更是一本实用的指南，书中以生动的方式呈现数据库应用知识，为读者提供了提升专业技能和深入学习的机会。

本书由陕西财经职业技术学院与陕西国奥蓝海信息科技有限公司合作编写，陕西财经职业技术学院大数据与人工智能学院党总支书记曹耀辉担任主审。本书的具体编写分工为：刘蔚编写项目 1，张沛强、高盛朝（陕西国奥蓝海信息科技有限公司总经理）编写项目 2，李瑞编写项目 3，王炎编写项目 4，李希敏编写项目 5，白祎花编写项目 6，王双明编写项目 7，张雯编写项目 8，王伟编写项目 9，赵飞（陕西国奥蓝海信息科技有限公司高级工程师）、陈春谋、张雯编写各项目"知识延伸"部分。本书编写人员除已注明外，其余都是陕西财经职业技术学院的教师。

在学习的道路上，我们期待与您携手共进，开启一段充满智慧与探索的学习之旅。无论您是初学者还是经验丰富的数据库专家，我们相信，通过本书的学习和实践，您一定能够在 MySQL 的世界里收获更多的知识与技能，为自己的职业发展和技术提升打下坚实的基础。

本书提供有配套的线上课程资源（书中涉及的个人信息等敏感数据都经过了脱敏处理），有需要的读者可以登录西安电子科技大学出版社官网（www.xduph.com）免费下载，也可扫描书中二维码查看相关资源。

最后，我们要向所有为本书编写和出版付出辛勤努力的作者、审校人员和相关团队表示衷心的感谢。正是他们的辛勤工作和专业精神，才使得本书得以呈现在广大读者面前。同时，我们也期待广大读者能够提出宝贵的意见和建议，共同推动本书的不断完善和更新。

编　者
2024 年 9 月

CONTENTS

目　　录

项目 1　初识数据库和 MySQL 环境配置 1

任务 1.1　认识数据和数据库 2

1.1.1　数据库的相关概念 2

1.1.2　数据库的发展 3

1.1.3　数据库系统的应用模式 3

1.1.4　结构化查询语言 5

1.1.5　数据库的分类 5

任务 1.2　关系型数据库设计 6

1.2.1　数据模型 6

1.2.2　数据库设计 7

1.2.3　数据库设计规范化 13

任务 1.3　MySQL8.0 的安装和使用 17

1.3.1　MySQL 数据库介绍 17

1.3.2　在 Windows 中安装和卸载
MySQL8.0 18

1.3.3　MySQL8.0 绿色版的安装和配置 23

任务 1.4　MySQL 图形化管理工具 26

1.4.1　MySQL Workbench 26

1.4.2　Navicat for MySQL 27

课后练习 27

知识延伸 28

项目 2　数据库的创建和管理 31

任务 2.1　MySQL 数据库的多种连接方式及
工具 32

2.1.1　启动和停止 MySQL 服务 32

2.1.2　连接 MySQL 本地服务器 33

2.1.3　连接访问远程 MySQL 服务器 35

任务 2.2　MySQL 字符集、校对规则和存储
引擎 35

2.2.1　MySQL 字符集和校对规则 35

2.2.2　设置 MySQL 字符集 38

2.2.3　MySQL 的存储引擎 40

任务 2.3　MySQL 文件存储和数据目录 41

任务 2.4　创建数据库 41

2.4.1　系统数据库介绍 41

2.4.2　创建数据库 42

任务 2.5　管理数据库 46

2.5.1　打开数据库 46

2.5.2　修改数据库 46

2.5.3　删除数据库 46

课后练习 47

知识延伸 47

项目 3　创建和管理数据表 49

任务 3.1　认识数据表元素 50

3.1.1　数据表中常用的数据类型 50

3.1.2　MySQL 的约束 52

任务 3.2　创建数据表 54

3.2.1　创建数据表 57

3.2.2　查看数据表 60

任务 3.3　管理数据表 62

3.3.1　复制数据表 62

3.3.2　修改数据表结构 64

3.3.3　添加 / 删除数据表约束 66

3.3.4　删除数据表 69

课后练习 69

知识延伸 70

项目 4　数据操作 73

任务 4.1　MySQL 运算符和表达式 74

4.1.1　算术运算符和算术表达式 74

4.1.2　比较运算符和关系表达式 75

4.1.3　逻辑运算符和逻辑表达式 76

4.1.4　运算符优先级 77

任务 4.2　MySQL 内置函数......77
　4.2.1　数学函数......78
　4.2.2　日期与时间函数......78
　4.2.3　字符串函数......80
任务 4.3　插入数据表数据......81
　4.3.1　插入单条记录......81
　4.3.2　同时插入多条记录内容......84
任务 4.4　修改数据表数据......85
　4.4.1　单表数据修改......85
　4.4.2　多表数据修改......87
任务 4.5　删除数据表数据......88
　4.5.1　使用 DELETE 命令删除单表
　　　　　数据......89
　4.5.2　使用 DELETE 命令删除多表
　　　　　数据......89
　4.5.3　使用 TRUNCATE 命令清空表
　　　　　记录......90
课后练习......91
知识延伸......92

项目 5　数据查询......94
任务 5.1　单表查询......95
　5.1.1　SELECT 语句的基本语法......95
　5.1.2　基本查询......96
　5.1.3　使用 WHERE 子句的条件查询......100
　5.1.4　使用 GROUP BY 子句的分组
　　　　　查询......105
　5.1.5　使用 ORDER BY 子句和 LIMIT
　　　　　子句的查询......109
任务 5.2　多表查询......111
　5.2.1　交叉连接查询......111
　5.2.2　内连接查询......112
　5.2.3　外连接查询......115
任务 5.3　子查询......116
　5.3.1　比较子查询......117
　5.3.2　IN 子查询......120
　5.3.3　EXISTS 子查询......120
任务 5.4　合并结果集......121
课后练习......123
知识延伸......123

项目 6　数据库维护......128
任务 6.1　用户管理......129
　6.1.1　MySQL 用户......129
　6.1.2　MySQL 用户管理......130
任务 6.2　权限管理......133
　6.2.1　基本概念......133
　6.2.2　查看权限......134
　6.2.3　授予权限......135
　6.2.4　回收权限......136
任务 6.3　数据库的备份与恢复......137
　6.3.1　MySQL 数据库的备份......137
　6.3.2　MySQL 数据库的恢复......139
　6.3.3　备份策略......141
任务 6.4　数据库的性能优化......142
　6.4.1　硬件和基础设施优化......142
　6.4.2　数据库设计和结构优化......142
　6.4.3　SQL 查询优化......143
　6.4.4　配置优化......143
　6.4.5　其他优化策略......144
课后练习......144
知识延伸......145

项目 7　视图、索引和事务......147
任务 7.1　视图......148
　7.1.1　视图概述......148
　7.1.2　创建视图......149
　7.1.3　管理视图......151
　7.1.4　通过视图操作表数据......153
任务 7.2　索引......155
　7.2.1　索引概述......155
　7.2.2　创建索引......156
　7.2.3　管理索引......157
任务 7.3　事务......159
　7.3.1　事务概述......159
　7.3.2　事务控制语句......161
课后练习......162
知识延伸......163

项目 8　数据库编程......166
任务 8.1　编程基础......167
　8.1.1　常量和变量......167

8.1.2 流程控制 169

任务 8.2 存储过程 171

    8.2.1 创建和调用存储过程 172

    8.2.2 管理存储过程 175

    8.2.3 游标 175

任务 8.3 存储函数 177

    8.3.1 创建存储函数 177

    8.3.2 调用存储函数和删除存储函数 177

任务 8.4 触发器 178

    8.4.1 触发器概述 178

    8.4.2 创建触发器 178

    8.4.3 删除触发器 180

任务 8.5 事件 180

    8.5.1 创建和查看事件 180

    8.5.2 启动与关闭事件 183

    8.5.3 删除事件 183

课后练习 183

知识延伸 184

项目 9 综合案例 187

任务 9.1 案例分析 188

    9.1.1 需求概述 188

    9.1.2 需求分析 188

    9.1.3 E-R 模型 190

任务 9.2 设计实现 192

    9.2.1 数据库表的结构设计 192

    9.2.2 数据库的设计实现 193

    9.2.3 插入测试数据 197

    9.2.4 用 SQL 语句实现银行的日常

        业务 200

    9.2.5 创建和使用视图 203

    9.2.6 使用事务和存储实现业务

        处理 204

参考文献 208

项目 1
初识数据库和 MySQL 环境配置

素质目标

- 关注国产数据库发展，增强民族自信，立志科技报国；
- 培养主动实践的意识。

知识目标

- 深入理解数据库的基本概念及其原理，明确各类数据模型在数据库系统中的应用和功能；
- 全面把握数据库设计的系统性流程，熟练运用规范化设计技术，优化数据库结构；
- 精通 MySQL 软件的下载、安装与配置流程，确保软件能够稳定、高效地运行于各类环境。

能力目标

- 深入探索数据库的奥秘，领略其基本概念、原理与实际应用场景，能全方位捕捉数据库技术的精髓所在；
- 独自担纲，轻松驾驭基础数据库设计与操作任务；
- 熟练掌握 MySQL 数据库的安装、配置与管理，能迅速解决常见的数据库问题，确保数据库系统始终稳定高效运行。

▶ **案例导入**

　　信息化时代,数据的管理与利用显得尤为重要。为了提高数据管理的效率与准确性,团队通过分析,决定设计一款 "学生成绩管理系统",来对学生的学习信息进行管理。这些信息主要包括班级信息、学生信息和课程信息,要求能对这些信息进行相关操作。为了设计出满足需求的数据库,首先要详细了解数据库设计的方法和步骤,根据用户需求建模,绘制实体 - 联系图 (Entity Relation Dilation,E-R 图),将 E-R 图转换为关系模型,并利用范式理论规范化关系模型。

任务 1.1　认识数据和数据库

认识数据库

　　我们每天都在访问各种网站、App,如百度、微信、QQ、抖音、今日头条、小红书等,其中都有大量的数据和信息,这些数据都存储在后台的数据库中。如今数据库技术的应用在人们日常生活中已无处不在,所以研究如何科学地管理数据来为人们提供可共享的、安全的、可靠的数据就显得非常重要。

1.1.1　数据库的相关概念

　　与数据库相关的概念主要有:

　　(1) 数据。数据 (Data) 是描述事物的符号记录。广义上的数据包括数字、文本、图形、音频、视频等。数据经过数字化后存入计算机。

　　(2) 数据库。数据库 (Database,DB) 是存储在计算机中并按照一定的数据模型组织的、可共享的大量数据的集合,是存放数据的仓库。数据库具有较小的冗余度、较高的数据独立性和易扩展性。

　　(3) 数据库管理系统。数据库管理系统 (Database Management System,DBMS) 是一个位于用户与操作系统之间的、操纵和管理数据库的系统软件,是数据库系统的核心,用于建立、维护和管理数据库。它提供了安全性、完整性、多用户并发访问及系统故障恢复等统一控制机制,方便用户管理和存取大量的数据资源。

　　常见的数据库管理系统有国产金仓 (KingbaseES) 数据库、OceanBase 数据库等,国外的有微软的 SQL Server、甲骨文公司的 Oracle 和 MySQL、IBM 公司的 DB2 等。

　　(4) 数据库应用系统。数据库应用系统 (Database Application System,DBAS) 是指系统开发人员利用数据库和某种前台开发工具开发的面向某一类信息处理业务的软件系统,如教务管理系统、京东、淘宝、抖音、中国铁路 12306 网站等都是数据库应用系统。

　　(5) 数据库系统。数据库系统 (DatabaseSystem,DBS) 是指采用数据库技术的计算机系统,由 DB、DBMS、用户和计算机系统组成。其中,用户包括数据库应用系统开发人员、数据库管理员 (Database Adminstrator,DBA) 和最终用户。DBA 是维护和管理 DBMS 的相关工作人员的统称，属于运维工程师的一个分支，也称为数据库工程师，其核心目标是保证数据库管理系统的稳定性、安全性和完整性。

1.1.2　数据库的发展

数据库的发展主要经历了以下 3 个阶段。

1. 人工管理 (20 世纪 50 年代中期前)

在此阶段，计算机主要用于科学计算，没有可以直接访问的存取设备，数据不能长期保存，没有专用的软件对数据进行管理，数据由应用程序自行携带，数据和程序之间相互依赖，数据不能共享。

2. 文件系统管理 (20 世纪 50 年代后期到 60 年代中期)

在此阶段，计算机应用扩展到信息管理方面，开始使用操作系统、高级语言和磁盘等存取设备，通过操作系统中的文件系统对数据进行存取和管理，数据以文件的形式长期保存，程序和数据有了一定的独立性，但文件之间缺乏联系、数据冗余度大，无法对数据进行集中管理。

3. 数据库管理 (20 世纪 60 年代后期以后)

在此阶段，计算机开始广泛应用于数据管理领域，数据库管理技术应运而生，出现了数据库管理系统软件。数据结构化，存放在数据库中，由数据库管理系统统一管理和控制，数据库为多个用户和应用程序所共享，数据独立性高。在数据库系统阶段，应用程序和数据之间的对应关系如图 1-1 所示。

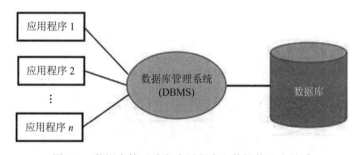

图 1-1　数据库管理阶段应用程序和数据的对应关系

1.1.3　数据库系统的应用模式

我们在工作和生活中经常用到众多的数据库应用系统，如通信、银行、航空、购物等需要浏览访问的网站，以及 QQ、微信等需要下载安装于本地计算机并不断升级的软件，这两类不同应用访问的数据库系统分别属于以下两种应用模式。

1. C/S 模式

C/S(Client/Server，客户机 / 服务器) 模式将任务合理分配到客户端和服务器端，从而降低系统的通信开销，充分利用了两端计算机的资源。基于此模式的数据库应用软件必须安装在每个客户端，启动软件时直接在安装了软件的客户端启动即可，如图 1-2 所示。

图 1-2　C/S 模式

基于 C/S 模式的数据库应用软件响应速度快，可以充分满足客户自身的个性化要求，但升级不方便，维护和管理的难度较大，一般在特定行业使用，如证券交易系统、聊天软件 (微信、QQ)、财务软件等。

2. B/S 模式

在 B/S(Browser/Server，浏览器 / 服务器) 模式下，软件系统安装在 Web 服务器上，客户端只需安装浏览器，通过浏览器即可访问软件系统。这种软件系统通常称为网站，如图 1-3 所示。

图 1-3　B/S 模式

基于 B/S 模式的软件系统对用户所处的地域没有限制，只要终端有浏览器，就可随时随地进行查询、浏览等业务，系统升级和维护方便，只要维护 Web 服务器即可，但较难实现个性化的功能，响应速度较慢，目前广泛应用于电子政务、电子商务、购物系统等。

1.1.4 结构化查询语言

为了更好地提供一种从数据库中读取数据的简单方法，1986 年，美国国家标准协会 (ANSI) 确定 SQL 为关系数据库管理系统的标准语言，国际标准化组织 (ISO) 采纳其为国际标准，并且 ANSI/ISO 先后发布了 SQL-89、SQL-92 标准。目前，市场上流行的关系数据库管理系统通常都支持 ANSI SQL-92 标准。

主流数据库及 SQL

SQL 是一种专门用于关系数据库查询的标准语言，其主要由以下 4 部分组成。

(1) 数据定义语言。数据定义语言 (Data Definition Language，DDL) 提供了定义、修改和删除数据库、数据表以及其他数据库对象的一系列操作语句。常用语句的关键字为 CREATE、ALTER 和 DROP。

(2) 数据操纵语言。数据操纵语言 (Data Manipulation Language，DML) 提供了插入、修改、删除和检索数据库数据的一系列语句。常用语句的关键字为 INSERT、UPDATE、DELETE 和 SELECT。

(3) 数据控制语言。数据控制语言 (Data Control Language，DCL) 提供了授予和收回用户对数据库及数据库对象访问与操作权限的一系列语句。常用语句的关键字为 GRANT 和 REVOKE。

(4) 事务控制语言。事务控制语言 (Transaction Control Language，TCL) 提供了提交或回滚记录更新的事务控制语句。常用语句的关键字为 COMMIT、SAVEPOINT 和 ROLLBACK。

SQL 不仅是一种自含式语言，可独立用于交互式的处理方式，而且是一种嵌入式语言，能够嵌入到高级语言 (如 C、Java、Python) 程序中，两种使用方式下的 SQL 的语法结构基本是一致的。SQL 语言简洁，易学易用，是一种高度非过程化语言，在进行数据操作时用户只需提出 "做什么"，而不必指明 "怎么做"，从而大大减轻了用户负担。

1.1.5 数据库的分类

当今互联网中最常用的数据库分为两大类：关系型数据库和非关系型数据库。

1. 关系型数据库

关系型数据库采用的数据模型是把复杂的数据结构转换为简单的关系 (二维表)。在关系型数据库中，对数据的操作几乎全部建立在一个或多个关系上，通过对这些关联的表分类、合并、连接或选取等运算来实现数据的管理。

关系型数据库的典型产品有 Oracle、MySQL、SQL Server、SQLite 等。

2. 非关系型数据库

随着互联网的兴起，传统的关系型数据库在应付 Web 网站，特别是超大规模和高并发的 SNS 类型的 Web 纯动态网站时已经显得力不从心，暴露出很多难以克服的问题。

非关系型数据库 (NoSQL) 是一项全新的数据库，由于其本身的特点而得到了非常迅速的发展。NoSQL 数据库在特定的场景下可以发挥出难以想象的高效率和高性能，它是对传统关系型数据库的一个有效的补充。

非关系型数据库的典型产品有 Redis、HBase、MongoDB 等。

任务 1.2   关系型数据库设计

数据模型

1.2.1   数据模型

数据模型 (Data Model) 是数据特征的抽象，它为数据库系统的信息表示与操作提供了一个抽象的框架。

计算机不能直接处理现实世界中的具体事物，必须要依据某种模型将其转换为计算机能够处理的数据存储在数据库中，数据库不仅要反映数据本身的内容，而且要反映数据之间的联系。

数据模型分为概念模型、逻辑模型和物理模型。

1. 概念模型

概念模型 (Conceptual Model) 也称作信息模型或语义模型，它是按用户的观点对数据和信息建模，是对现实世界特征的数据抽象，也是数据库设计人员与用户交流的工具。概念模型主要用于数据库的概念设计阶段，是对数据库的第一层抽象，它与具体的 DBMS 无关。概念模型必须换成逻辑模型，才能在 DBMS 中实现。常用的概念模型是实体 - 联系模型 (简称 E-R 模型)。

2. 逻辑模型

逻辑模型 (Logical Model) 是按计算机系统的观点对数据建模，得到数据库使用的数据模型，用来支持 DBMS 以建立数据库的模型。逻辑模型是数据库的第二层抽象，是由概念模型转换来的。

1) 逻辑数据模型的 3 个要素

(1) 数据结构。数据结构描述数据库组成的对象的特征及对象之间联系的关系，是对数据库静态特征的描述，是刻画数据模型最重要的方面。

(2) 数据操作。数据操作指数据库中的数据允许执行的操作的集合，包括操作方法及有关操作规则等，是对数据库动态特征的描述。

(3) 数据的完整性约束。数据的完整性约束指给定数据模型中数据结构和操作所具有的限制和制约规则，用于限定符合数据模型的数据库的状态变化，以保证数据的正确性、有效性和一致性。为了保证数据完整性约束的实施和实现，数据模型应该定义数据完整性约束条件的机制，如关系模型中的实体完整性、域完整性和参照完整性约束规则。

2) 逻辑模型的种类

(1) 层次模型：出现最早，以树结构为基本结构，典型代表是 IMS(Integrated Management System，综合管理体系) 模型。该模型有且仅有一个根节点，除根节点以外的其他节点有且仅有一个双亲节点。这种模型层次分明，结构清晰，容易理解，能反映实体的一对多联系，但同一属性数据要存储多次，数据冗余度大，对联系复杂的事物难以描述。

(2) 网状模型：通过网状结构表示数据间的联系，其开发较早且有一定优点，典型代表是 DBTG(Database Task Group，能够处理模糊数据的数据库) 模型。相比层次数据模型，网状数据模型允许一个以上的节点无双亲节点，一个节点可以有多个双亲节点，两个节点间可以有多对多的联系，但网状结构太复杂。

(3) 关系模型：通过满足一定条件的二维表格来表示实体集合以及数据间联系的一种模型，其是数据库系统中最重要、应用最广泛的一种数据模型，典型代表有 Oracle、MySQL、SQL Server。这种模型的数据库将复杂的数据结构归结为简单的二维表来表示，便于利用各种实体与属性之间的关系进行存储和变换。关系数据库就是采用关系数据模型设计的数据库。

(4) 面向对象数据模型：随着人工智能、分布式、多媒体等技术的应用发展，不断涌现出面向对象数据库、分布式数据库、多媒体数据库等新型数据库，其中面向对象数据库以其实用性强、适用面广而被广泛研究和应用。

3. 物理模型

物理模型 (Physical Model) 面向计算机系统，是对数据模型进一步优化、进行数据最底层的抽象、描述数据在系统内部的表示方式和存取方法。逻辑模型向物理模型转换是由 DBMS 完成的，一般用户不需要考虑物理模型实现的具体细节。

1.2.2 数据库设计

数据库设计一般分为规划、需求分析、概念结构设计、逻辑结构设计、物理结构设计、数据库实施、数据库运行和维护等 7 个阶段，如图 1-4 所示。数据库规划阶段主要任务是

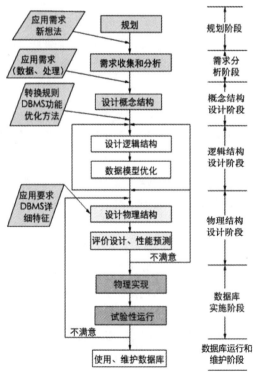

图 1-4 数据库设计步骤

建立数据库的必要性及可行性分析。由于此部分内容的核心为数据库设计，所以规划阶段就不再赘述。下面分别介绍其他 6 个阶段。

1. 需求分析阶段

需求分析是设计数据库的起点，是根据用户的需求收集数据。需求分析的任务就是通过详细调查现实世界要处理的对象 (组织、部门、企业等)，充分了解原系统 (手工系统或计算机系统) 的概况，明确用户的各种需求，收集支持系统目标的基础数据和围绕这些数据的业务处理需求，在此基础上确定系统的功能和边界。新系统不能仅仅按当前的需求来设计数据库，还要充分考虑将来可能的扩充和改变。

需求分析的结果是否准确反映了用户的实际需求，将直接影响到后面各个阶段的设计，并影响到设计结果是否合理和实用。

需求分析阶段通常使用的工具是数据流图 (Data Flow Diagram，DFD)，它以图形的方式描绘数据在系统中流动和处理的过程，表达了数据和处理过程的关系，只描绘数据在软件中流动和被处理的逻辑过程，反映的是对事务处理所需的原始数据以及经处理后的数据及其流向。

【例 1-1】　某企业欲针对高校开发一个学生成绩管理系统，记录并管理所有选修课程的学生的平时成绩和考试成绩，其主要功能描述如下：

(1) 每门课程都由 6 个单元构成，每个单元结束后会进行一次测试，其成绩作为这门课程的平时成绩。课程结束后进行期末考试，其成绩作为这门课程的考试成绩。

(2) 学生的平时成绩和考试成绩均由每门课程的授课教师上传到学生成绩管理系统。

(3) 在记录学生成绩之前，系统需要验证这些成绩是否有效。首先，根据学生信息文件来确认该学生是否选修这门课程，若没有，那么这些成绩是无效的；如果该学生的确选修了这门课程，再根据课程信息文件和课程单元信息文件来验证平时成绩是否与这门课程所包含的单元相对应，如果是，那么这些成绩是有效的，否则无效。

(4) 对于有效成绩，系统将其保存在课程成绩文件中。对于无效成绩，系统会单独将其保存在无效成绩文件中，并将详细情况提交给教务处。在教务处没有给出具体处理意见之前，系统不会删除这些成绩。

(5) 若一门课程的所有有效的平时成绩和考试成绩都已经被系统记录，系统会发送课程完成通知给教务处，告知该门课程的成绩已经齐全。教务处根据需要，系统会生成相应的成绩列表，用来提交考试委员会审查。

(6) 在生成成绩列表之前，系统会生成一份成绩报告给授课教师，以便核对是否存在错误。授课教师须将核对之后的成绩报告返还系统。

(7) 根据授课教师核对后的成绩报告，系统生成相应的成绩列表，递交考试委员会进行审查。考试委员会在审查之后，上交一份成绩审查结果给系统。对于所有通过审查的成绩，系统将会生成最终的成绩单，并通知每个选课学生。

现对这个系统进行分析与设计，得到如图 1-5 所示的学生成绩管理系统数据流程 (其中：E1 为考试委员会，E2 为授课教师，E3 为学生，E4 为教务处)。

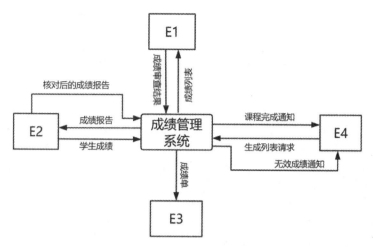

图 1-5　学生成绩管理系统顶层数据流图

2. 概念结构设计阶段

概念结构设计是将系统需求分析得到的用户需求抽象为信息结构即概念模型的过程，是整个数据库设计的关键。它通过对用户的需求进行综合、归纳与抽象，形成一个独立于具体数据库管理系统的概念模型。

概念结构设计

1) 概念结构设计方法

(1) 自顶向下的设计方法。先定义全局概念结构的框架，然后逐步细化，最终得到完整的全局概念结构。

(2) 自底向上的设计方法。先定义每一局部应用的概念结构，然后按一定的规则把它们集成，从而得到全局概念结构。

(3) 逐步扩张的设计方法。先定义最重要的核心结构，然后逐步向外扩充，直至形成总体的概念结构。

(4) 混合策略的设计方法。把自顶向下和自底向上的设计方法相结合，先自顶向下设计一个概念结构的框架，然后以它为骨架再自底向上设计局部概念结构，最后集成即可。

2) 实体 - 联系图

用实体 - 联系图来表示概念结构模型，描述实体集与实体集之间的联系，目的是以 E-R 图为工具设计关系数据库，通过 E-R 图中的实体、实体的属性以及实体之间的关系来表示数据库系统的结构。其组成要素如表 1-1 所示。

表 1-1　E-R 图组成要素

组成要素	描述	图形表示
实体集 (Entity)	实体是现实世界中客观存在并且可以互相区别的事物和活动的抽象；实体集是具有相同特征和性质的同一类实体的集合	▭
属性 (Attribute)	实体所具有的某一特性，一个实体可有若干个属性	⬭ 或 ▭

组成要素	描　　述	图 形 表 示
联系 (Relationship)	实体集之间的相互关系。联系用无向边分别与有关实体连接起来，同时在无向边旁标注联系的类型 (1∶1、1∶n 或 m∶n)	◇
主键或主码 (Primary Key)	实体集中的实体彼此是可区别的，用实体集中的属性或最小属性组合的值唯一标识其对应实体，该属性或属性组合称为键。每一个实体集可指定一个主键	可给属性名加下画线

3) 联系的分类

(1) 一对一联系 (1∶1)。一对一联系中，A 中的一个实体至多与 B 中的一个实体相联系，B 中的一个实体也至多与 A 中的一个实体相联系。例如，"班级"和"班长"两个实体集之间就是一对一的联系，因为一个班只有一个班长，反过来，一个班长只属于一个班。"班级"和"班长"两个实体集的 E-R 模型如图 1-6 所示。

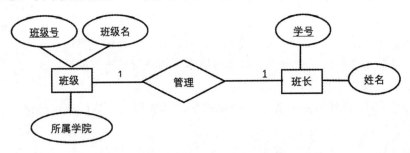

图 1-6　"班级"和"班长"两个实体集的 E-R 模型

(2) 一对多联系 (1∶m)。一对多联系中，A 中的一个实体可以与 B 中的多个实体相联系，而 B 中的一个实体至多与 A 中的一个实体相联系。例如，"班级"和"学生"这两个实体集之间的联系是一对多的联系，因为一个班可有多个学生，反过来，一个学生只属于一个班。"班级"和"学生"两个实体集的 E-R 模型如图 1-7 所示。

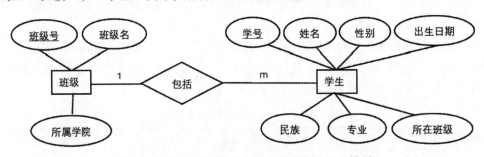

图 1-7　"班级"和"学生"两个实体集的 E-R 模型

(3) 多对多的联系 (m∶n)。多对多的联系中，A 中的一个实体可以与 B 中的多个实体相联系，而 B 中的一个实体也可以与 A 中的多个实体相联系。例如，"学生"和"课程"这两个实体集之间的联系是多对多的联系，因为一个学生可选多门课程，反过来，一门课程可被多个学生选修。"学生"和"课程"两个实体集的 E-R 模型如图 1-8 所示。

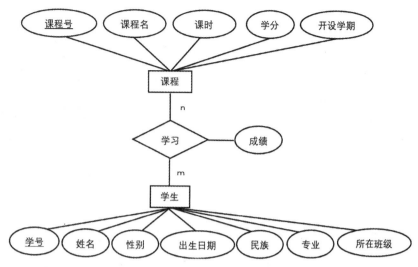

图 1-8　"课程"和"学生"两个实体集的 E-R 模型

4) 学生成绩管理系统概念结构设计

学生成绩管理系统 E-R 模型如图 1-9 所示。

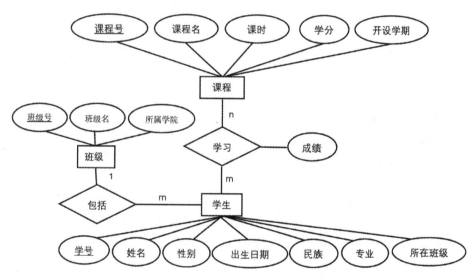

图 1-9　学生成绩管理系统 E-R 模型

3. 逻辑结构设计阶段

逻辑结构设计是指将概念模型转换成某个 DBMS 支持的逻辑数据模型 (简称数据模型)。数据模型分为层次模型、网状模型和关系模型 3 种类型。

逻辑结构设计

关系模型是目前最常用的数据模型。在关系模型中，现实世界的实体以及实体间的联系均可用关系来表示。

1) 关系模型的基本概念

(1) 关系 (Relation)。关系就是一张二维表。表 1-2 给出了一张学生基本情况表。

表 1-2　学生基本情况表（节选）

学　号	姓　名	性别	出生日期	民族	专　业	所在班级
21110101	张宇凡	女	2002-1-14	汉	大数据与会计	211101
21110102	吴昊天	男	2002-3-17	汉	大数据与会计	211102
21120101	江山	女	2002-8-30	回	会计信息管理	211201
21211001	李明	男	2001-12-24	汉	大数据技术	212110
21220101	章炯	女	2001-11-10	壮	人工智能技术应用	212201
21320201	张晓英	女	2002-2-8	汉	跨境电子商务	213202
21450101	刘家林	男	2002-5-18	汉	工程造价	214501
22110101	李丽	女	2004-2-23	侗	大数据与会计	221101
22110102	夏子怡	女	2003-12-6	汉	大数据与会计	221101

(2) 元组 (Tuple)。元组也称为记录，表中的每行对应一个元组。如表 1-2 所示，表中有 9 个元组，分别对应 9 个学生。

(3) 属性 (Attribute)。属性也称为字段，表中的一列即一个属性，最上面的名称为属性名，表 1-2 中有 7 个属性：学号、姓名、性别、出生日期、民族、专业、所在班级。

关系中的属性名具有标识列的作用，所以同一个关系中的属性名（列名）不能相同。

属性具有型和值两层含义：属性的型是指属性名和属性值域，属性的值是指某条记录属性具体的取值。

(4) 主键 (Primary Key)。主键也称为主码，如果一个属性的值能唯一标识一个元组，则称该属性为该关系的主键，每一个关系只能有一个主键。例如，表 1-2 中的"学号"属性就是该表的主键，因为学生的学号唯一。

(5) 外键 (Foreign Key)。如果一个关系的属性或属性组合不是本关系的主键，而是另一个关系的主键，则称该属性为这个关系的外键。外键在两个关系之间可起到纽带和桥梁的作用。例如，图 1-8 中的学生关系的主键是"学号"，学生关系中的"所属班级"对应班级关系的主键"班级号"，所以，"所属班级"属性是学生关系的外键。

(6) 关系模式 (Relation Mode)。关系数据库模式是对关系的描述，是对关系数据库框架的描述。

2) 逻辑结构设计任务

数据库逻辑结构设计的任务是设计数据的结构，把概念模型的实体、联系和属性经过再次抽象，形成选用的数据库管理系统支持的数据模型。

在概念结构向关系结构转换的过程中，必须考虑到数据的逻辑结构是否包括了数据处理所要求的所有关键字段、所有数据项和数据项之间的相互关系、数据项与实体之间的相互关系、实体与实体之间的相互关系以及各个数据项的使用频率等问题，以便确定各个数据项在逻辑结构中的地位。

3) 逻辑结构设计原则

(1) 一个实体集转换为一个独立的关系模式，实体集的属性就是关系的属性，实体集的主键就是关系的主键。

(2) 实体集之间的联系，根据不同的联系类型做不同的处理：① 1：1 联系转换为一个独立的关系模式，或者与任意一端的关系模式合并；② 1：m 联系转换为一个独立的关系模式，或者与 n 端的关系模式合并；③ m：n 联系转换为一个独立的关系模式。

4) 学生成绩管理系统逻辑结构设计

(1) 1：1 联系 E-R 图到关系模式的转换。

【例 1-2】　将图 1-6 所示的 E-R 模型转换成关系模式，并标识出主外键。

在关系模式中，标有下画线的属性为主键，标有波浪线的属性为外键。

班级 class(<u>班级编号</u>，班级名称，所属学院，学号)

班长 BZ(<u>学号</u>，姓名)

(2) 1：m 联系的 E-R 图到关系模式的转换。

【例 1-3】　将图 1-9 所示的 1：m 联系的"班级"和"学生"E-R 模型转换成关系模式，并标识出主外键。

班级 class(<u>班级编号</u>，班级名称，所属学院)

学生 student(<u>学号</u>，姓名，性别，出生年月，民族，专业，<u>所在班级</u>)

(3) m：n 联系的 E-R 图到关系模式的转换。

【例 1-4】　将图 1-9 所示的 m：n 联系的"学生"和"课程"E-R 模型转换成关系模式，并标识出主外键。

学生 student(<u>学号</u>，姓名，性别，出生年月，民族，专业，<u>所在班级</u>)

课程 course(<u>课程号</u>，课程名，课时，学分，开课学期)

学习 study(<u>学号，课程号</u>，成绩)

关系模式 study 的主键是由"学号""课程号"两个属性组合起来构成的一个组合主键。

4. 物理结构设计阶段

物理结构设计是指为逻辑设计阶段得到的数据模型选取一个最适合应用环境的物理结构，包括存储结构和存取方法。

5. 数据库实施阶段

在数据库实施阶段，数据库设计人员运用数据库管理系统提供的数据语言及其宿主语言，根据逻辑设计和物理设计的结果创建数据库，编制与调试应用程序，组织数据入库，并进行试运行。

6. 数据库运行和维护阶段

数据库运行和维护是指数据库应用系统正式投入运行后，在数据库系统运行过程中必须不断地对数据库进行评价、调整与修改。

1.2.3　数据库设计规范化

数据库逻辑设计的结果不是唯一的。为了进一步提高数据库应用系统的性能，还应该根据应用需要适当修改、调整数据模型的结构，这就是数据模型的优化。关系数据模型的优化通常以规范化理论为指导，将关系模式规范化，使之达到较高的范式是设计好关系模式的唯一途径，否则，设计的关系数据库会产生一系列的问题。关系模式设计的好坏将直接影响到数据库设计的成败。

1. 数据库设计可能存在的问题及解决方法

【例 1-5】　设计一个学生选课数据库，希望从该数据库中得到学生学号、姓名、出生年月、性别、专业号、专业名、学习的课程号、课程名和该课程的成绩信息。将此信息要求设计为一个关系模式 XS_XK(xh，xm，age，sex，zyh，zym，kch，kcm，cj)。

该关系模式中各属性之间的关系为：一个专业有若干个学生，但一个学生只属于一个专业；一个学生可以选修多门课程，每门课程可被若干个学生选修；每个学生学习的每门课程都有一个成绩。

可以看出，此关系模式的键为 (xh，kch)。仅从关系模式上看，该关系模式已经包括需要的信息，但如果按此关系模式建立关系，并对它进行深入分析，就会发现其中的问题。关系模式 XS_XK 的实例如表 1-3 所示。

表 1-3　关系数据库 XS_XK 的实例

xh	xm	age	sex	zyh	zym	kch	kcm	cj
20211101	李小双	18	男	101	大数据技术	1101	高等数学	78
20211101	李小双	18	男	101	大数据技术	1102	英语	84
20211101	李小双	18	男	101	大数据技术	1103	C 语言	68
20211101	李小双	18	男	101	大数据技术	1104	数据库	90
20211201	张小玉	19	女	102	大数据与会计	1101	高等数学	92
20211201	张小玉	19	女	102	大数据与会计	1102	英语	77
20211201	张小玉	19	女	102	大数据与会计	1103	C 语言	88
20211201	张小玉	19	女	102	大数据与会计	1104	数据库	79
20223301	王大鹏	17	男	103	酒店管理	1101	高等数学	80
20223301	王大鹏	17	男	103	酒店管理	1102	英语	73
20223301	王大鹏	17	男	103	酒店管理	1103	C 语言	84
20223301	王大鹏	17	男	103	酒店管理	1104	数据库	76

1) 存在问题

从表 1-3 中的数据可以看出，该关系模式存在以下问题：

(1) 数据冗余。同一个学生选修了 n 门课程，该学生的所有信息就重复了 n-1 次。

(2) 插入异常。在一个新专业没有招生或有学生但没有选修课程时，专业和课程信息无法插入。因为在这个关系模式中主键是 (xh，kch)，这时因为没有学生而使学号无值，或因为学生没有选课而使课程号无值。但在一个关系模式中，键属性不能为空值，因此关系数据库无法操作，导致插入异常。

(3) 删除异常。当某专业的学生全部毕业而又没有招新生时，删除学生信息的同时，专业和课程信息也可能随之删除，导致删除异常。

(4) 更新异常。若需更换专业名称，则数据表中该专业的学生记录应该全部修改，否则可能会出现同一专业号对应不同专业名的情况，即出现了更新异常。

为什么会发生插入异常和删除异常？原因是该关系模式中属性与属性之间存在不好的数据依赖。一个"好"的关系模式应当不会发生插入和删除异常，冗余要尽可能少。

2) 解决方法

对于存在问题的关系模式，可以通过模式分解的方法使之规范化。

例如，将上述关系模式分解为以下 4 个关系模式：

XS(xh,xm,age,sex,zyh)

ZY(zyh,zym)

KC(kch,kcm)

XK(xh,zyh,kch,cj)

这样分解后，4 个关系模式都不会发生插入异常、删除异常的问题，数据的冗余也得到了控制，数据的更新也变得简单。

所以，"分解"是解决冗余的主要方法，也是规范化的一条原则，"关系模式有冗余问题，就分解它"。提示上述关系模式的分解方案是否就是最佳的，也不是绝对的。如果要查询某位学生所在专业的专业名，就要对两个关系做连接操作。一个关系模式的数据依赖会有哪些不好的性质，如何改造一个模式，这就是规范化理论所讨论的问题。

2. 关系数据库范式理论

关系数据库范式理论是数据库设计的一种理论指南和基础。它不仅能够作为数据库设计优劣的判断依据，还可以预测数据库可能出现的问题。

关系数据库范式理论是数据库设计过程中要依据的准则，数据库结构必须要满足这些准则，才能确保数据的准确性和可靠性。这些准则称为规范化形式，即范式。

在数据库设计过程中，对数据库进行检查和修改，并使它返回范式的过程叫作规范化。

范式按照规范化的级别分为 5 种，即第一范式 (1NF)、第二范式 (2NF)、第三范式 (3NF)、第四范式 (4NF) 和第五范式 (5NF)。在实际的数据库设计过程中，通常需要用到的是满足前三种范式，下面对它们分别进行介绍。

1) 第一范式

第一范式要求每一个数据项都不能拆分成两个或两个以上的数据项，即数据库表中的字段都是单一属性的，不可再分。这个单一属性由基本类型构成，包括整型、实数、字符型、逻辑型及日期型等。表 1-4 所示的学生基本情况表不符合第一范式，修改后的表 1-5 满足第一范式。

表 1-4　不满足第一范式的学生情况表

学　号	姓　名	年龄	性别	家 庭 地 址
20211101	李小双	18	男	陕西省咸阳市秦都区，邮编：712000
20211201	张小玉	19	女	陕西省西安市灞桥区，邮编：710038
20223301	王大鹏	17	男	陕西省渭南市大荔县，邮编：715100

表 1-5　修改后满足第一范式的学生基本情况表

学　号	姓　名	年龄	性别	家 庭 地 址	邮政编码
20211101	李小双	18	男	陕西省咸阳市秦都区	712000
20211201	张小玉	19	女	陕西省西安市灞桥区	710038
20223301	王大鹏	17	男	陕西省渭南市大荔县	715100

2) 第二范式

如果一个表已经满足第一范式，而且该数据表中的任何一个非主键字段的数值都依赖于该数据表的主键字段，那么这个数据表满足第二范式。

【例 1-6】　表 1-6 学生选课关系数据表中主键是"学号"，其余的所有字段都依赖于"学号"，其中非主键"姓名""年龄""性别""专业"完全取决于"学号"，而非主键"成绩"字段除取决于"学号"字段之外还取决于"课程名称"字段，因此一般我们会将上面的数据模式改为：

学生 (学号，姓名，年龄，性别，专业)

成绩 (学号，课程名称，成绩)

这样，就可以解决数据冗余和插入、删除、更改异常的问题。

表 1-6　学生选课表

学　号	姓　名	年龄	性别	专　业	课程名程	成绩
20211101	李小双	18	男	大数据技术	高等数学	78
20211101	李小双	18	男	大数据技术	英语	84
20211201	张小玉	19	女	大数据与会计	高等数学	92
20211201	张小玉	19	女	大数据与会计	英语	77

3) 第三范式

如果数据表已经满足第二范式要求，但表中的一些字段对其中的某一非主键中存在传递函数依赖，那么我们会对数据表进一步进行优化，从而满足第三范式的要求。

假定学生数据表 (学号，姓名，年龄，所在学院，学院地点，学院电话) 关键字为单一关键字"学号"，存在关系 (学号) → (姓名，年龄，所在学院，学院地点，学院电话)，这是符合第二范式的。但是存在决定关系 (学号) → (所在学院) → (学院地点，学院电话)，即存在非关键字段："所在学院"对"学院地点""学院电话"存在传递函数依赖，不符合第三范式，所以会存在数据冗余、更新异常、插入异常和删除异常的问题。

把学生表分为：

学生 (学号，姓名，年龄，所在学院)

学院 (学院，地点，电话)

这样分解就符合第三范式的要求，消除了数据冗余、更新异常、插入异常和删除异常。

此外，第三范式还要求不能在数据库中存储通过简单计算得出的数据。这样不但可以节省存储空间，而且在拥有函数依赖的一方发生变动时，避免了修改成倍数据的麻烦，同时也避免了在这种修改过程中可能造成的人为错误。

例如,在工资数据(编号,姓名,部门,工资,奖金)中,若"奖金"的数值是"工资"数值的 15%,则这两个字段之间存在着函数依赖关系,但"奖金"字段数值可以通过"工资"字段数值乘以 15% 计算得出,因此数据表中不应该出现"奖金"字段。

任务 1.3 MySQL8.0 的安装和使用

1.3.1 MySQL 数据库介绍

1. MySQL 的发展历程

MySQL 是一个关系型数据库管理系统软件,由瑞典 MySQL AB 公司开发,目前属于 Oracle 旗下产品。MySQL 是最流行的关系型数据库管理系统之一,其发展历史如图 1-10 所示。

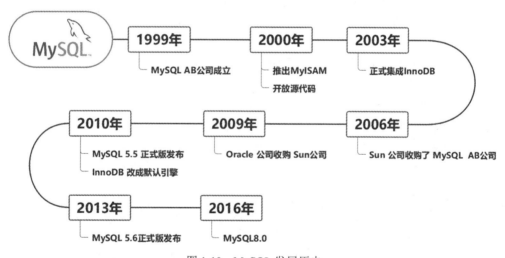

图 1-10 MySQL 发展历史

2. MySQL 的特点

(1) 开源。MySQL 的社区版是免费的,可以从其官网直接下载,不需要支付额外的费用。

(2) 支持大型的数据库。MySQL 可以处理拥有上千万条记录的大型数据库。

(3) 使用标准的 SQL 数据语言形式。

(4) 跨平台。MySQL 可以安装在不同的操作系统上,并且提供多种编程语言的操作接口。这些编程语言包括 C、C++、Python、Java、Ruby 等。

(5) 存储引擎的变化。InnoDB 是 MySQL8.0 默认的存储引擎,是事务型数据库的首选引擎,支持事务 ACID 特性,支持行锁定的外键。

1.3.2   在 Windows 中安装和卸载 MySQL8.0

安装 MySQL8.0

MySQL8.0 的版本号通常由 3 位数字构成，如 MySQL8.0.x，第 1 位数字表示主版本号，第 2 位数字表示发行版本号，第 3 位数字主要是小的改动，表示发行序列号，各序列号在使用上区别不大。这里以 MySQL8.0.37 为例进行下载。

1. 下载 MySQL8.0

MySQL8.0 分安装版 (MSI) 和绿色版 (ZIP) 两种。绿色版免安装，但需要配置，建议初学者使用安装版。

MySQL 社区版开源免费，在 MySQL 官网就可以下载。在浏览器地址栏输入官网下载地址 https://dev.mysql.com/downloads/mysql，进入 MySQL 社区版 (Windows) 的下载页面。

(1) 在图 1-11 中的 Archives 选项卡可下载 MySQL 所有历史版本。按箭头所示可直接下载 64 位 MySQL8.0 压缩包，其中带 Debug Binaries & Test Suite(调试二进制文件和测试套件) 标识的是具有 Debug 功能和测试案例的文件。目前，MySQL 的最新版本是 8.4.0LTS。在下拉列表中选择 MySQL8.0.37，单击 Go to Download Page 进入下载 MSI 安装包页面，单击 Download 按钮进行下载，如图 1-12 所示。

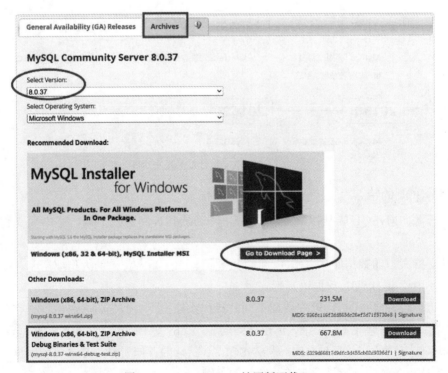

图 1-11　MySQL8.0.37 社区版下载 (1)

图 1-12　MySQL8.0.37 社区版安装包下载 (2)

(2) 在下载过程中，可忽略登录或注册信息，按图 1-13 所示进行操作。

图 1-13　MySQL8.0.37 社区版安装包下载 (3)

2. 安装 MySQL8.0

(1) 双击下载的 mysql-installer-community-8.0.37.0 安装包进行安装。如果出现"允许此应用对你的设备进行更改吗？"的提示，选择"是"，进入安装向导中的产品类型选择界面，图 1-14 所示的产品类型选择界面包括 Server only(服务器)、Client only(客户端)、Full(全

部产品) 和 Custom(自定义)4 个选项。这里选择自定义安装，单击 Next 按钮，如图 1-14 所示。

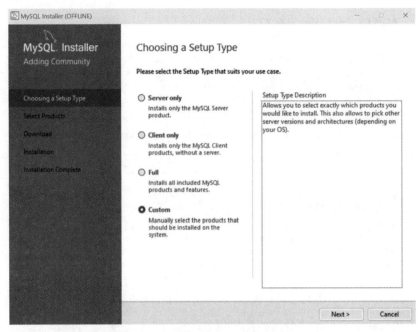

图 1-14　MySQL8.0 安装向导：产品类型选择

(2) 将 MySQL Server 8.0.37-X64 和 MySQL Workbench 8.0.36-X64 添加到右侧列表框，表示只安装 MySQL 服务器的命令行客户端及其自带的 MySQL Workbench 图形客户端。单击 Next 按钮，如图 1-15 所示。

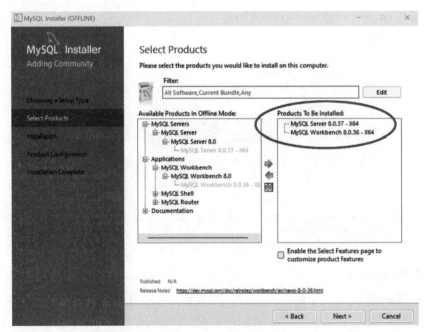

图 1-15　选择安装产品

(3) 在服务器类型和网络设置界面，根据服务器的用途选择服务器类型，Config Type 类型有 3 种：Development Computer(开发者类型)、Server Computer(服务器类型)、Dedicated Computer(专用 MySQL 服务器)。系统默认为 Development Computer，在此类型中，MySQL 服务器占用最少的系统资源，适用于个人用户，建议初学者选择此项。在网络配置中，系统默认启用 TCP/IP 网络，连接 MySQL 服务器的端口号为 3306，如图 1-16 所示。

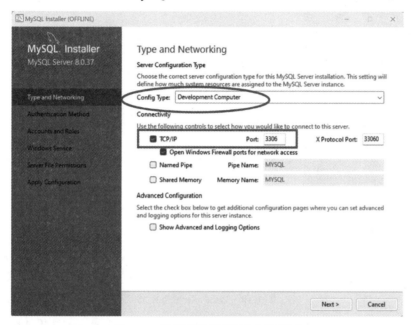

图 1-16　选择服务器类型和网络配置

(4) 在用户和角色设置对话框，设置超级管理员 Root 的密码，如图 1-17 所示。

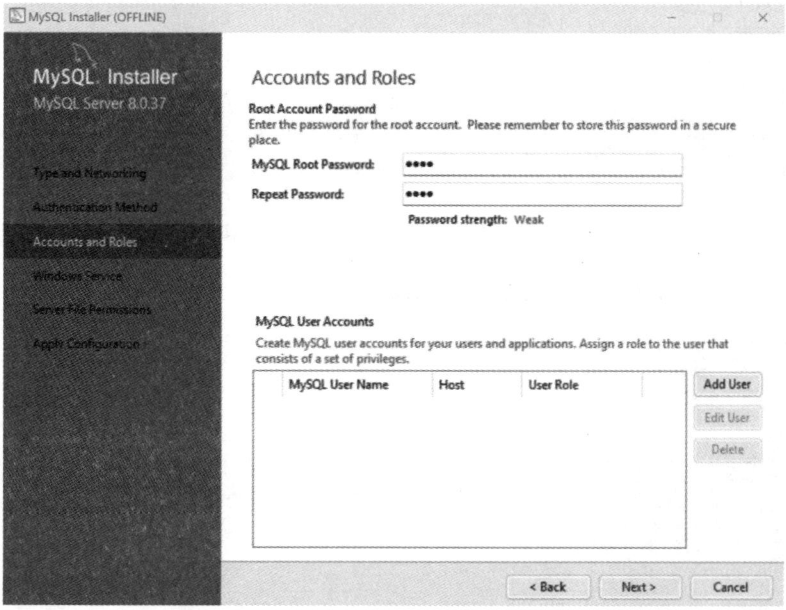

图 1-17　设置 Root 用户密码

(5) 在 Windows 服务配置页面，将 MySQL 服务器配置为 Windows 中的服务，服务名为 MySQL80，如图 1-18 所示。

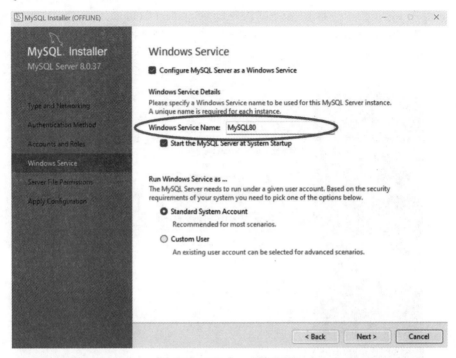

图 1-18 Windows 服务配置

(6) 在应用配置页面，单击 Execute 按钮完成应用配置。完成后的结果如图 1-19 所示。

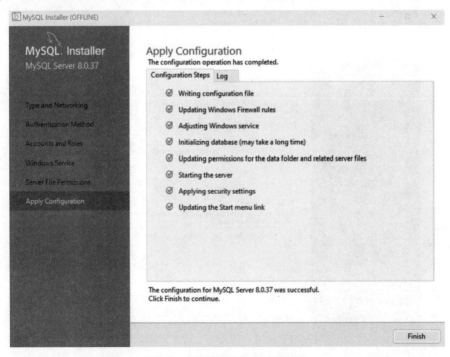

图 1-19 应用配置完成后的结果

3. 卸载 MySQL 8.0

在卸载 MySQL 8.0 前，必须先备份好数据库中的数据，这一点非常重要。

(1) 在控制面板中卸载 MySQL 8.0 的所有组件。

(2) 在安装盘 (这里是 C 盘) 的 Program Files 或 Program Files(x86) 文件夹中删除 MySQL 文件夹。

(3) 删除 C 盘 Program Files 或 Program Files(x86) 中隐藏的文件夹 ProgramData 中的 MySQL 文件夹。

1.3.3　MySQL8.0 绿色版的安装和配置

使用 MySQL8.0
绿色版

以 MySQL8.0.34 为例进行安装。

1. 解压 MySQL 压缩包到指定目录

将下载的 MySQL 压缩文件解压到指定位置，这里选择 D:\。

2. 在 MySQL 系统文件夹中建立配置文件 my.int

在安装系统目录 D:\mysql-8.0.34-winx64 中，新建文本文件，以 "my.ini" 为文件名保存。配置文件 my.ini 是 MySQL 的核心文件，其内容是 MySQL 的各项配置参数，包含 MySQL 服务器的端口号、MySQL 在本机的安装位置、MySQL 数据库文件的存储位置及 MySQL 数据库的编码等信息。

用记事本打开 my.ini 文件，编辑并保存如下基本内容：

```
[mysqld]
# 设置 3306 端口
port=3306
# 设置 mysql 的安装目录
basedir=D:\mysql-8.0.34-winx64
# 设置 mysql 数据库的数据的存放目录，系统会自动建立此目录
datadir=D:\mysql-8.0.34-winx64\data
# 允许最大连接数
max_connections=200
# 允许连接失败的次数。这是为了防止有人从该主机试图攻击数据库系统
max_connect_errors=10
# 服务端使用的字符集默认为 UTF8
character-set-server=UTF8
# 创建新表时将使用的默认存储引擎
default-storage-engine=innoDB
# 表示认证方式，默认使用 mysql_native_password 插件认证
default_authentication_plugin=mysql_native_password
```

3. 初始化 MySQL 数据库

语法格式：

```
mysqld --initialize -console
```

说明：

初始化会在 MySQL 系统文件夹下自动创建 "data" 文件夹，不需要手动创建。

(1) 单击 "开始" 按钮，在搜索栏输入 cmd，匹配出 "命令提示符" 应用，单击 "以管理员身份运行"。在命令提示符下输入如图 1-20 所示的命令，进入 MySQL 系统 bin 目录，初始化 MySQL 数据库。

图 1-20　进入 MySQL 系统 bin 目录

(2) 初始化 MySQL 数据库，执行初始化命令 mysqld --initialize -console，执行完成后，会打印 Root 用户的初始默认密码 (不含首位空格)：如图 1-21 显示信息的第三行末尾 root @localhost 后面的 "RqIhDqgEk2/h" (记录下这个初始密码，后面未更改密码前的登录需要使用初始密码)。

图 1-21　初始化 MySQL 数据库

4. 安装 MySQL 服务

语法格式：

```
mysqld --install [ 服务名 ]
```

说明：

[服务名] 可省略，默认为 mysql80。

如图 1-22 所示，看到服务成功安装的信息，表示已经安装了 MySQL 服务。

图 1-22　MySQL 服务安装成功提示

5. 设置环境变量 Path

(1) 右击桌面上的 "计算机" (或 "我的电脑") 菜单的 "属性"，出现 "系统属性" 窗

口，单击"高级系统设置"选项中的"环境变量"按钮，打开"环境变量"对话框，选择
"系统变量"中的 Path，如图 1-23 所示。

图 1-23　选择"系统变量"中的 Path

　　(2) 在"编辑环境变量"对话框，编辑设置系统变量 Path，添加 MySQL 系统的 bin 文
件夹，如图 1-24 所示。完成后单击"确定"按钮，这样就无须到相应 MySQL 的 bin 目录
也能执行 MySQL 系统命令，大大提高了以后使用的方便性。

图 1-24　在环境变量 Path 中添加 MySQL 系统目录

6. 检查 MySQL 服务在 Windows 注册表的路径

以管理员身份在 cmd 窗口中输入 regedit 命令并运行，在打开的 Windows 注册表中选择"计算机 \HKEY_LOCAL_MACHINE\SYSTEM\CurrentControlSet\Services\MySQL"的下拉选项，选择其右边窗口中的服务程序项 imagePath，右击菜单"修改"项，把 imagePath 的"数值"修改为 MySQL 服务文件，此处值改为""D:\mysql-8.0.34-winx64\bin\mysqld"MySQL"（值中的 MySQL 表示服务名，省略则用默认值）。

任务 1.4　MySQL 图形化管理工具

MySQL 日常的开发和维护更多是在命令行客户端中进行的，它是 MySQL 数据库管理与维护的主要手段。但是，对于初学者具有一定的难度。目前，许多公司开发了图形化管理工具，可以帮助用户快速学习和应用 MySQL，极大方便了用户的使用。下面介绍两款常用的 MySQL 图形化管理工具。

1.4.1　MySQL Workbench

MySQL Workbench 是一款由 MySQL 开发的跨平台、可视化数据库工具，在一个开发环境中集成了 SQL 的开发、管理、数据库设计、用户和安全管理、备份和恢复自动化、审计数据检查以及向导驱动的数据库迁移等功能。这款软件在 MySQL 安装的过程中可以选择安装。图 1-25 所示为 Workbench 图形化管理工具界面。

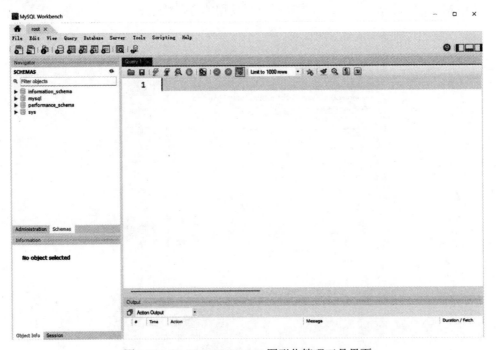

图 1-25　MySQL Workbench 图形化管理工具界面

1.4.2　Navicat for MySQL

Navicat for MySQL 是一款强大的数据库管理和开发工具，支持多种数据库连接，包括 MySQL、MariaDB 等，并与 OceanBase 数据库及 Amazon RDS、Amazon Aurora、Oracle Cloud、Microsoft Azure、阿里云、腾讯云和华为云等云数据库兼容。它提供了丰富的数据库管理功能，如数据建模、数据导入导出、数据库备份和恢复等。Navicat 还以其直观的图形界面和高效的性能优化工具而受到开发者的喜爱。图 1-26 所示为 Navicat for MySQL 界面。

图 1-26　Navicat for MySQL 界面

课 后 练 习

一、单选题

1. 在数据管理技术的发展历程中，数据独立性最高的阶段是 (　　　)。

A. 数据库系统阶段　　　　　　　　B. 文件系统阶段

C. 人工管理阶段　　　　　　　　　D. 数据项管理阶段

2. 数据库系统 (DBS)、数据库 (DB) 和数据库管理系统 (DBMS) 之间的关系是 (　　　)。

A. DBMS 包含 DB 和 DBS　　　　　B. DBS 包含 DB 和 DBMS

C. DB 包含 DBMS 和 DBS　　　　　D. 以上都不对

3. 关系数据模型中二维表中的每一列称为 (　　　)。

A. 关系　　　　　　　　　　B. 记录

C. 字段　　　　　　　　　　D. 键

4. 用二维表格来表示实体集以及实体集之间的联系的数据模型是 (　　)。

A. 关系模型　　　　　　　　B. 层次模型

C. 网状模型　　　　　　　　D. E-R 模型

5. 下列 (　　) 不是 DBMS。

A. MySQL　　　　　　　　　B. Oracle

C. SQL Server　　　　　　　D. Outlook

二、填空题

1. DBMS 是一种 _____ 软件。

2. MySQL 是一个 _____ 型数据库管理系统。

3. SQL 的中文含义是 _____。

4. 省对省会城市的所属联系属于 _____ 联系。

5. MySQL 进行系统配置时使用的文件是 _____。

知识延伸

这里介绍在 Linux 中安装 MySQL 8.0.39 的操作步骤。

1. 安装 MySQL 前软件环境准备

通过 Ctrl + Alt + T 键快速打开终端，查看 Linux 系统版本：

```
[root@scy ~]# cat /etc/redhat-release        # 查看操作系统版本命令
```

CentOS Linux release 7.9.2009 (Core)

2. 开始安装 MySQL

1) 建立 MySQL 用户账号

首先以 root 身份登录到 Linux 系统中，执行如下命令创建 mysql 用户账号：

```
[root@scy ~]# useradd mysql -s /sbin/nologin -M   # 创建一个新的用户 mysql，并设置其 shell 为 /sbin/
                                                   nologin，表示该用户不能登录系统，-M 参数意
                                                   味着不创建用户的主目录

[root@scy ~]# id mysql                             # 查看新创建的 mysql 用户的详细信息，包括用户
                                                   ID、组 ID 以及所属组等
```

2) 下载解压软件包

直接下载、解压 mysql 软件包，并做好软链接 mysql 到 /usr/local。选择安装包，如图 1-27 所示。

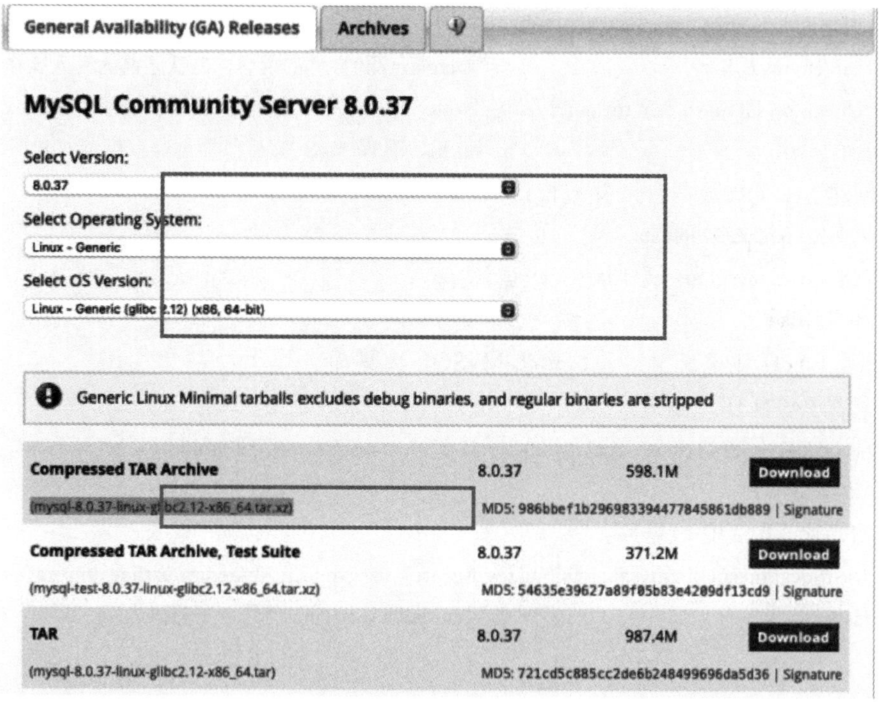

图 1-27　安装包选择界面

再做好软链接 mysql/usr/local。

操作命令如下：

[root@scy ~]	# cd /opt
[root@scy opt]	# wget https://mirrors.aliyun.com/mysql/MySQL-8.0/mysql-8.0.39-linux-glibc2.28-x86_64.tar.xz
[root@scy opt]	# tar xf mysql-8.0.39-linux-glibc2.28-x86_64.tar.xz
[root@scy opt]	# ln -s /opt/mysql-8.0.39-linux-glibc2.28-x86_64 /usr/local/mysql
[root@scy opt]	# ls -l /usr/local/mysql
[root@scy opt]	# mv /opt/mysql-8.0.39-linux-glibc2.28-x86_64 /usr/local/mysql

3) 创建 MySQL 数据目录、配置文件并授权

(1) 增加简易配置文件：添加 datadir 和 socket 两个配置项。

cat>/etc/my.cnf<<'EOF'	# 将后续的内容写入 /etc/my.cnf 配置文件，直到遇到 EOF 标志为止
[mysqld]	# 指定了以下配置是针对 MySQL 服务器本身的
user=mysql	# MySQL 服务器进程应该以 mysql 用户的身份运行
basedir=/usr/local/mysql	# 这条配置指定 MySQL 的基础安装目录为 /usr/local/mysql
datadir=/data/3306/data	# 指定 MySQL 的数据文件存储目录为 /data/3306/data
port=3306	# MySQL 服务监听的端口号为 3306
socket=/tmp/mysql.sock	# 这条配置指定 MySQL 客户端使用的 UNIX 套接字文件路径
[client]	# 指定以下配置是针对 MySQL 客户端的
socket=/tmp/mysql.sock	# 这条配置指定 MySQL 客户端使用的 UNIX 套接字文件路径

```
    EOF
    cat /etc/my.cnf                    # 查看 /etc/my.cnf 文件的内容，确认之前的写入操作是否成功
    chown mysql.mysql /etc/my.cnf      # 更改 /etc/my.cnf 文件的所有权，将其设置为 mysql 用户和
                                         mysql 组，确保 MySQL 服务器进程有权读取和写入该文件
```

(2) 创建 MySQL 数据目录并授权：

```
    mkdir -p /data/3306/data
    chown -R mysql.mysql /data
    ls -ld /data
```

4) 配置 PATH 环境变量，并初始化 MySQL 数据库

(1) 配置 PATH 环境变量：

```
    echo 'export PATH=/usr/local/mysql/bin:$PATH' >>/etc/profile./etc/profile
    echo $PATH
```

(2) 初始化 MySQL 数据库：

```
    /usr/local/mysql/bin/mysqld --initialize-insecure --user=mysql --basedir=/usr/local/mysql --datadir=
/data/3306/data                        # 使用 initialize-insecure 使管理员密码为空
```

项目 2

数据库的创建和管理

素质目标

- 具备持续探索的职业精神；
- 具有严谨认真的学习态度。

知识目标

- 深度探索常用字符集的奥秘，了解它们背后的神奇密码；
- 全面了解 MySQL 文件存储机制的奥秘，洞悉数据目录体系结构的运作原理；
- 熟练操作命令行工具，熟悉数据库创建与管理的操作流程。

能力目标

- 能够依据实际需求，精准选择恰当的字符集以构建数据库，确保数据的准确性和完整性；
- 能够熟练运用 MySQL 命令，有效查询数据库及字符集相关信息，以便进行精确的数据管理与分析；
- 能够熟练运用 MySQL 命令对数据库进行高效的管理操作。

▶ 案例导入

完成 "学生成绩管理系统" 的逻辑设计阶段之后，根据精心设计的关系模型，选择 MySQL 作为数据库管理软件。在确定了数据库管理软件后，需要在服务器上创建一个名为 "dbschool" 的数据库，用于存储系统所需的各种数据。在创建数据库的过程中，特别需要注意选择合适的字符集和校对规则，从而确保数据的准确性和完整性。

任务 2.1　MySQL 数据库的多种连接方式及工具

在信息技术领域，DBMS 是任何应用或项目的核心，而 MySQL 则是其中最受欢迎的关系数据库管理系统之一。掌握启动 MySQL 对于数据库管理员、开发者或任何与数据库打交道的人来说都是至关重要的。

MySQL 数据库分为服务器端和客户端两部分。用户通过客户端访问数据库前，需要确保服务器端的服务已经开启，才可以登录访问 MySQL 数据库。

在大多数情况下，MySQL 数据库安装配置好后，它会自动作为服务在后台运行。但在某些情况下，可能需要手动启动 MySQL 服务。服务启动一般有自动和手动两种形式。

2.1.1　启动和停止 MySQL 服务

1. 在 cmd 窗口启动和停止 MySQL 服务

1) 在 cmd 窗口启动
语法格式：

```
net start mysql 服务名
```

2) 在 cmd 窗口停止 MySQL 服务
语法格式：

```
net stop mysql 服务名
```

说明：

MySQL 8.0 默认的 Windows 服务名为 MySQL80。

启动 MySQL 服务执行 "net start mysql80"，停止 MySQL 服务执行 "net stop mysql80"，如图 2-1 所示。这里的 mysql80 为安装时默认的 Windows 服务名。

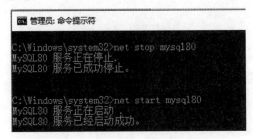

图 2-1　启动和停止 MySQL 服务

2. 使用 Windows 服务管理器启动和停止 MySQL 服务

使用 Windows 服务管理器启动和停止 MySQL 服务步骤：服务→右键→启动 / 结束。

单击 Windows 中的"开始"按钮选择"搜索"，输入"管理工具"，选择"Windows 管理工具"，然后在弹出的"管理工具"窗口中双击"服务"组件，在"服务"窗口的列表中找到 MySQL80 服务，右键单击选择启动或停止 MySQL 服务，如图 2-2 所示。

图 2-2 启动或停止 MySQL 服务

2.1.2 连接 MySQL 本地服务器

1. 通过 cmd 窗口连接服务器

在 cmd 窗口中，本地 MySQL 数据库服务器的连接可以使用以下命令：

语法格式：

```
mysql -h < 主机名 > -u < 用户名 > -p< 密码 >
```

说明：

(1) -h 表示后面的参数为服务器的主机名或地址，客户端和服务器端在同一机器上时，主机名可以省略也可以写成 localhoost.，后面是数据库 ip 详细地址 (localhost 代表本机地址)。

(2) -u 表示后面的参数为登录 mysql 服务器的用户名，root 是超级用户。

(3) -p 表示后面的参数为登录用户的登录密码。由于访问的是本地服务器，所以上面命令中的 -h < 主机名 > 可以省略。

通过 cmd 窗口连接本地 MySQL 服务器的具体操作步骤如下：

(1) 启动 MySQL 服务只需遵照系统要求正确地输入命令即可。

(2) 启动后，客户端就可以连接服务器，连接成功后，用户就可以管理 MySQL 服务器中的数据库，可以按照下列方式连接服务器。

首先打开 DOS 窗口，然后输入命令 mysql -uroot -p，按 Enter 键后，提示输入 MySQL 的 root 用户密码。如果密码正确，您将连接到本地 MySQL 数据库服务器即可完成本地连接，如图 2-3 所示。

图 2-3　通过 cmd 窗口使用命令连接

2. 使用图形化管理工具连接 MySQL 服务器

此处以 Navicat 图形化管理工具为例介绍如何连接服务器。

启动 Navicat for MySQL 后，单击工具栏的"连接"按钮，选择 MySQL 命令，出现 "MySQL- 新建连接"对话框，如图 2-4 所示。图中的"连接名"是指用户与 MySQL 服务器建立连接的名称 [可以根据实际需要命名 (见名知意)]。"主机"是指 MySQL 服务器的名称，示例中，MySQL 软件安装在本地计算机上，可以用 localhost 或 127.0.0.1 代替本机地址。"端口"指 MySQL 服务器端口，默认端口为"3306"。"用户名"为 MySQL 服务器中合法的用户，"root"是 MySQL 服务器权限最高的用户。"密码"为连接用户设置的密码。输入相关参数后，单击"连接测试"按钮，测试用户和服务器是否连接成功，测试通过后，单击"确定"按钮连接到 MySQL 服务器。

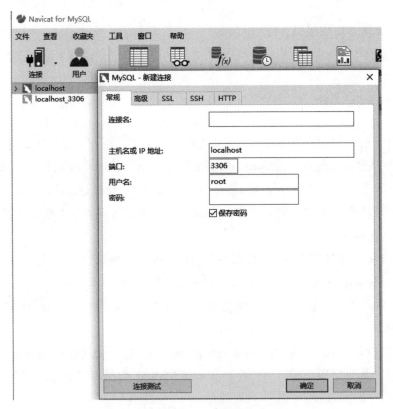

图 2-4　"MySQL- 新建连接"对话框

3. 退出 MySQL 服务器

若不需要连接 (使用) 数据库了，则最好退出服务器以安全保存数据，同时降低服务器的连接压力。

语法格式：

```
EXIT | QUIT
```

【例 2-1】 退出当前服务器的连接。

在 MySQL 命令行执行如下命令：

```
QUIT
```

2.1.3　连接访问远程 MySQL 服务器

【例 2-2】 创建一个新用户 remote_user，可访问远程 MySQL 服务器。

登录 MySQL 服务器，root 用户执行如下命令创建新的用户 remote_user。

```
CREATE USER 'remote_user'@'%' IDENTIF IED BY 'password';
```

授予远程访问权限。执行如下命令允许 remote_user 户可以从任何主机远程登录 MySQL 服务器并访问所有数据库和表。

```
GRANT ALL PRIVILEGES ON *.* TO 'remote_user'@'%' WITH GRANT OPTION;
```

关于远程连接访问 MySQL 服务器的内容将在项目 6 中详细介绍。

任务 2.2　MySQL 字符集、校对规则和存储引擎

字符集规定了字符在数据库中的存储格式，例如占多少空间，支持哪些字符等。在建立和使用 MySQL 数据库时选取合适的字符集非常重要，如果选择不当，可能会影响数据库性能，也可能导致数据出现乱码。下面详细介绍 MySQL8.0 中的常用字符集，以及在实际应用中如何选择合适的字符集。

2.2.1　MySQL 字符集和校对规则

字符 (Character) 是计算机世界里各种文字和符号的总称，包括各个国家文字、标点符号、图形符号、数字等，例如一个汉字、一个英文字母。

字符集和存储引擎

字符集 (Character Set) 一个字符集就是多个字符的有序集合，好比一本字符字典，每个国家字符类型不同，个数也不同，常见的字符集有 ASCII(美国信息交换标准代码)、GB 2312 (简体中文编码表) 字符集和 Unicode(万国码，统一) 字符集。

1. MySQL 常用字符集

MySQL 字符集包括字符集和校对规则，其中字符集用来定义 MySQL 存储字符串的方

式，校对规则定义字符的比较方式。MySQL8.0 能够支持 41 种字符集和 286 个校对规则。每种字符集可以有一种或多种校对规则。MySQL8.0 常见的字符集包括：

(1) ASCII 字符集。基于罗马字母表的一套字符集，它采用 1 个字节的低 7 位表示字符，高位始终为 0。

(2) LATIN1 字符集。相对于 ASCII 字符集做了扩展，仍然使用一个字节表示字符，但启用了高位，扩展了字符集的表示范围。

(3) GBK 字符集。支持中文，字符有一字节编码和两字节编码方式。

(4) UTF8 字符集。Unicode 字符集的一种，是计算机科学领域里的一项业界标准，支持了所有国家的文字字符，UTF8 采用 1～4 个字节表示字符。

2. 字符集的校对规则

字符集校对规则是指在同一字符集内字符之间的排序和比较规则。每个字符校对规则对应一种字符集，每一个字符集可以对应多种校对规则，其中有一个校对规则为默认的校对规则。常用的校对规则 (包括 MySQL8.0 常用的校对规则) 如下：

(1) utf8_general_ci。这是 MySQL8.0 以前版本字符集 UTF8 默认的校对规则。(这是一种常用的排序规则，可以忽略大小写，同时对于音调符号等字符进行合并排序，比如 á、à、â 和 a 在排序时会被看成相等的。这个在注册用户名和邮箱的时候就要使用。特点是校对速度快，但准确度稍差。(准确度够用情况下，一般建库选择这个，速度快)

(2) utf8mb4_bin。这个校对规则对字符可以进行大小写敏感的比较和排序。(这是一种二进制排序规则，区分大小写、音调符号等字符的差异，对于特殊字符进行完全二进制排序)

(3) utf8mb4_0900_ai_ci。这是 MySQL8.0 默认的校对规则，其中，0900 表示 UTF8 基于的 unicode 规范为 9.0 版本，一种字符支持范围更广的 Unicode 校对算法版本；ai 表示"不区分音调"，ci 表示"不区分大小写"，也就是说，排序时 a 和 A 之间没有区别。

MySQL 中的字符校对规则名称以校对规则对应的字符集名称开始，以"_ci"(不区分大小写)、"_cs"(区分大小写) 或"_bin"(二进制，比较基于字符编码的值) 结尾。

3. 查看字符集和校对规则

在 MySQL 中，可以用 SHOW CHARACTER SET 命令列出可用的字符集。

【例 2-3】　查看 MySQL8.0 支持的字符集。

本例操作命令如下：

```
SHOW CHARACTER SET;
```

执行结果列出了 MySQL8.0 支持的字符集名称、描述、默认校对规则和字符最大字节长度，如图 2-5 所示。

我们知道，MySQL 中每个字符集都会对应多个校对规则，是一对多的关系。在 MySQL 中 SHOW COLLATION 命令用于显示当前数据库服务器支持的所有字符集和校对规则 (Collation)。

```
mysql> SHOW CHARACTER SET;
+----------+---------------------------------+---------------------+--------+
| Charset  | Description                     | Default collation   | Maxlen |
+----------+---------------------------------+---------------------+--------+
| armscii8 | ARMSCII-8 Armenian              | armscii8_general_ci |      1 |
| ascii    | US ASCII                        | ascii_general_ci    |      1 |
| big5     | Big5 Traditional Chinese        | big5_chinese_ci     |      2 |
| binary   | Binary pseudo charset           | binary              |      1 |
| cp1250   | Windows Central European        | cp1250_general_ci   |      1 |
| cp1251   | Windows Cyrillic                | cp1251_general_ci   |      1 |
| cp1256   | Windows Arabic                  | cp1256_general_ci   |      1 |
| cp1257   | Windows Baltic                  | cp1257_general_ci   |      1 |
| cp850    | DOS West European               | cp850_general_ci    |      1 |
| cp852    | DOS Central European            | cp852_general_ci    |      1 |
| cp866    | DOS Russian                     | cp866_general_ci    |      1 |
| cp932    | SJIS for Windows Japanese       | cp932_japanese_ci   |      2 |
| dec8     | DEC West European               | dec8_swedish_ci     |      1 |
| eucjpms  | UJIS for Windows Japanese       | eucjpms_japanese_ci |      3 |
| euckr    | EUC-KR Korean                   | euckr_korean_ci     |      2 |
| gb18030  | China National Standard GB18030 | gb18030_chinese_ci  |      4 |
| gb2312   | GB2312 Simplified Chinese       | gb2312_chinese_ci   |      2 |
| gbk      | GBK Simplified Chinese          | gbk_chinese_ci      |      2 |
| geostd8  | GEOSTD8 Georgian                | geostd8_general_ci  |      1 |
| greek    | ISO 8859-7 Greek                | greek_general_ci    |      1 |
| hebrew   | ISO 8859-8 Hebrew               | hebrew_general_ci   |      1 |
| hp8      | HP West European                | hp8_english_ci      |      1 |
| keybcs2  | DOS Kamenicky Czech-Slovak      | keybcs2_general_ci  |      1 |
| koi8r    | KOI8-R Relcom Russian           | koi8r_general_ci    |      1 |
| koi8u    | KOI8-U Ukrainian                | koi8u_general_ci    |      1 |
| latin1   | cp1252 West European            | latin1_swedish_ci   |      1 |
| latin2   | ISO 8859-2 Central European     | latin2_general_ci   |      1 |
| latin5   | ISO 8859-9 Turkish              | latin5_turkish_ci   |      1 |
| latin7   | ISO 8859-13 Baltic              | latin7_general_ci   |      1 |
| macce    | Mac Central European            | macce_general_ci    |      1 |
| macroman | Mac West European               | macroman_general_ci |      1 |
| sjis     | Shift-JIS Japanese              | sjis_japanese_ci    |      2 |
| swe7     | 7bit Swedish                    | swe7_swedish_ci     |      1 |
| tis620   | TIS620 Thai                     | tis620_thai_ci      |      1 |
| ucs2     | UCS-2 Unicode                   | ucs2_general_ci     |      2 |
| ujis     | EUC-JP Japanese                 | ujis_japanese_ci    |      3 |
| utf16    | UTF-16 Unicode                  | utf16_general_ci    |      4 |
| utf16le  | UTF-16LE Unicode                | utf16le_general_ci  |      4 |
| utf32    | UTF-32 Unicode                  | utf32_general_ci    |      4 |
| utf8mb3  | UTF-8 Unicode                   | utf8mb3_general_ci  |      3 |
| utf8mb4  | UTF-8 Unicode                   | utf8mb4_0900_ai_ci  |      4 |
+----------+---------------------------------+---------------------+--------+
41 rows in set (0.00 sec)
```

图 2-5 MySQL8.0 支持的字符集

【例 2-4】 查看 utf8mb4 相关字符集的校对规则。

本例操作命令如下：

> SHOW COLLATION LIKE 'utf8mb4%';

命令执行结果如图 2-6 所示。

```
mysql> SHOW COLLATION LIKE 'utf8mb4%';
+---------------------+---------+-----+---------+----------+---------+---------------+
| Collation           | Charset | Id  | Default | Compiled | Sortlen | Pad_attribute |
+---------------------+---------+-----+---------+----------+---------+---------------+
| utf8mb4_0900_ai_ci  | utf8mb4 | 255 | Yes     | Yes      |       0 | NO PAD        |
| utf8mb4_0900_as_ci  | utf8mb4 | 305 |         | Yes      |       0 | NO PAD        |
| utf8mb4_0900_as_cs  | utf8mb4 | 278 |         | Yes      |       0 | NO PAD        |
| utf8mb4_0900_bin    | utf8mb4 | 309 |         | Yes      |       1 | NO PAD        |
| utf8mb4_bg_0900_ai_ci | utf8mb4 | 318 |       | Yes      |       0 | NO PAD        |
| utf8mb4_bg_0900_as_cs | utf8mb4 | 319 |       | Yes      |       0 | NO PAD        |
| utf8mb4_bin         | utf8mb4 |  46 |         | Yes      |       1 | PAD SPACE     |
| utf8mb4_bs_0900_ai_ci | utf8mb4 | 316 |       | Yes      |       0 | NO PAD        |
| utf8mb4_bs_0900_as_cs | utf8mb4 | 317 |       | Yes      |       0 | NO PAD        |
| utf8mb4_croatian_ci | utf8mb4 | 245 |         | Yes      |       8 | PAD SPACE     |
| utf8mb4_cs_0900_ai_ci | utf8mb4 | 266 |       | Yes      |       0 | NO PAD        |
| utf8mb4_cs_0900_as_cs | utf8mb4 | 289 |       | Yes      |       0 | NO PAD        |
```

图 2-6 显示以 "utf8mb4" 开头的部分校对规则

MySQL 对字符集的指定可以细化到一个数据库、表和表中的列。

2.2.2　设置 MySQL 字符集

MySQL 对字符集的支持细化到服务器、数据库、数据表、字段和连接 5 个层次。数据库在存取数据时，会根据各层级字符集寻找对应的编码进行转换，若转换失败则显示乱码。可以利用 SHOW 命令查数据库、表或表中列的字符集。为了设置 MySQL 字符集，我们需要先查看字符集，查看字符集的方法如下：

1. 查看字符集

1) 查看数据库的字符集

语法格式：

> SHOW CREATE DATABASE 数据库名 ;

2) 查看表的字符集

语法格式：

> SHOW CREATE TABLE 表名 ;

3) 查看表中列的字符集

语法格式：

> SHOW COLUMNS FROM 表名 ;

以上查询的语句将返回类似的结果，其中包含字符集的信息。字符集信息通常以 CHARSET 或 COLLATE 关键字表示。

2. 设置和修改字符集

MySQL 中有几个重要的字符集相关的系统变量，它们用来配置和管理数据库服务器的字符集设置。可以通过修改配置文件 (my.ini) 或设置系统变量实现字符集的设置和修改。常见的 MySQL 字符集系统变量有以下几种。

(1) character_set_server。这是指定服务器使用的默认字符集。这个变量定义了服务器在处理数据时的默认字符集。

(2) character_set_client。这是指定客户端使用的默认字符集。这个变量定义了客户端发送给服务器的数据的字符集，默认情况下与 character_set_server 相同。

(3) character_set_connection。这是指定客户端与服务器之间连接使用的字符集。这个变量定义了连接过程中传输数据的字符集，默认情况下与 character_set_client 相同。

(4) character_set_database。这是指定数据库使用的默认字符集。这个变量定义了创建新数据库时默认的字符集。

(5) character_set_results。这是指定查询结果使用的字符集。这个变量定义了查询结果返回给客户端时的字符集，默认情况下与 character_set_connection 相同。

通过修改这些字符集相关的系统变量可以调整 MySQL 的字符集设置，以适应应用程序的需求。

【例 2-5】　使用 SHOW 命令查看字符集的系统变量。

本例操作命令如下：

> SHOW VARIABLES LIKE 'char%';

命令执行结果如图 2-7 所示。

```
mysql> SHOW VARIABLES LIKE 'char%';
+--------------------------+------------------------------------------------+
| Variable_name            | Value                                          |
+--------------------------+------------------------------------------------+
| character_set_client     | utf8mb4                                        |
| character_set_connection | utf8mb4                                        |
| character_set_database   | utf8mb4                                        |
| character_set_filesystem | binary                                         |
| character_set_results    | utf8mb4                                        |
| character_set_server     | utf8mb4                                        |
| character_set_system     | utf8mb3                                        |
| character_sets_dir       | C:\Program Files\MySQL\MySQL Server 8.0\share\charsets\ |
+--------------------------+------------------------------------------------+
8 rows in set, 1 warning (0.00 sec)
```

图 2-7   使用 SHOW 命令查看字符集的系统变量的值

如果默认字符集和校对规则不能满足需要，可以重新设置字符集和校对规则。使用 SET 语句可以修改字符集。

语法格式：

> SET 系统变量名 = 字符集名称

【例 2-6】   使用 SET 语句修改 client 和 results 字符集为 gbk，并查看修改结果。

本例操作命令如下：

> SET character_set_client=gbk;
>
> SET character_set_results=gbk;
>
> SHOW VARIABLES LIKE 'char%';

命令执行结果如图 2-8 所示。

```
mysql> SET character_set_client=GBK;
Query OK, 0 rows affected (0.00 sec)

mysql> SET character_set_results=GBK;
Query OK, 0 rows affected (0.00 sec)

mysql> SHOW VARIABLES LIKE 'char%';
+--------------------------+------------------------------------------------+
| Variable_name            | Value                                          |
+--------------------------+------------------------------------------------+
| character_set_client     | gbk                                            |
| character_set_connection | utf8mb4                                        |
| character_set_database   | utf8mb4                                        |
| character_set_filesystem | binary                                         |
| character_set_results    | gbk                                            |
| character_set_server     | utf8mb4                                        |
| character_set_system     | utf8mb3                                        |
| character_sets_dir       | C:\Program Files\MySQL\MySQL Server 8.0\share\charsets\ |
+--------------------------+------------------------------------------------+
8 rows in set, 1 warning (0.01 sec)
```

图 2-8   修改字符集

为了不影响后续操作，可使用以下语句将 client 和 results 的字符集还原为默认值。

> SET character_set_client=utf8mb4;
>
> SET character_set_results= utf8mb4;

3. 使用字符集时的建议

(1) 选择与数据和应用程序要求相匹配的字符集。常见的字符集包括 utf8mb4 和 LATIN1。utf8mb4 是一种通用的字符集，支持几乎所有的语言和字符，因此在多语言环境下广泛使用。LATIN1 是一个较窄的字符集，主要用于支持西方语言。

(2) 字符集级别要一致。服务器级、结果级、客户端级、连接层级、数据库级和表级的字符集应一致，当数据库级的字符集设置为 utf8mb4 时，表级和字段级的字符集也是 utf8mb4。

(3) 备份和恢复。在备份数据库时，确保备份文件的字符集与原始数据库一致。在恢复备份时，使用正确的字符集来保持数据的完整性。

(4) 选择合适的连接字符集。根据应用程序需求和客户端的字符集设置，选择合适的连接字符集，确保服务器和客户端之间的字符集设置一致，以避免数据传输过程中的字符集转换问题。

总之，正确选择和配置 MySQL 字符集是确保数据完整性和应用程序正常运行的关键。

2.2.3　MySQL 的存储引擎

存储引擎也称表类型，是 MySQL 数据库的重要组成部分，它规定如何存储表数据、索引、是否支持事务，以及更新、查询数据等技术的实现方法。与其他 DBMS(只使用一种存储引擎) 的区别是 MySQL 提供多种存储引擎，用户可以根据业务需要进行选择，从而使服务器保持在最佳性能。

查看 MySQL 的存储引擎可以使用 SHOW ENGINES 命令。

语法格式：

```
SHOW ENGINES
```

【例 2-7】　查看 MySQL8.0 支持的存储引擎。

本例操作命令如下：

```
SHOW ENGINES;
```

命令执行结果如图 2-9 所示。

```
mysql> SHOW ENGINES;
+--------------------+---------+----------------------------------------------------------------+--------------+------+------------+
| Engine             | Support | Comment                                                        | Transactions | XA   | Savepoints |
+--------------------+---------+----------------------------------------------------------------+--------------+------+------------+
| MEMORY             | YES     | Hash based, stored in memory, useful for temporary tables      | NO           | NO   | NO         |
| MRG_MYISAM         | YES     | Collection of identical MyISAM tables                          | NO           | NO   | NO         |
| CSV                | YES     | CSV storage engine                                             | NO           | NO   | NO         |
| FEDERATED          | NO      | Federated MySQL storage engine                                 | NULL         | NULL | NULL       |
| PERFORMANCE_SCHEMA | YES     | Performance Schema                                             | NO           | NO   | NO         |
| MyISAM             | YES     | MyISAM storage engine                                          | NO           | NO   | NO         |
| InnoDB             | DEFAULT | Supports transactions, row-level locking, and foreign keys    | YES          | YES  | YES        |
| ndbinfo            | NO      | MySQL Cluster system information storage engine                | NULL         | NULL | NULL       |
| BLACKHOLE          | YES     | /dev/null storage engine (anything you write to it disappears) | NO           | NO   | NO         |
| ARCHIVE            | YES     | Archive storage engine                                         | NO           | NO   | NO         |
| ndbcluster         | NO      | Clustered, fault-tolerant tables                               | NULL         | NULL | NULL       |
+--------------------+---------+----------------------------------------------------------------+--------------+------+------------+
11 rows in set (0.00 sec)
```

图 2-9　常见的存储引擎

从图 2-9 中可以看出，MySQL8.0 支持的存储引擎有 8 种 (Support 列的 YES 代表支持)，默认使用的存储引擎是 InnoDB。MySQL 的每种存储引擎都有其适用的场景，选择正确的存储引擎可以提高数据库的性能和可靠性。在设计数据库时，应根据应用的具体需求来选择最合适的存储引擎。

任务 2.3　MySQL 文件存储和数据目录

为了更好的掌握 Windows 环境下 MySQL8.0 的文件存储，了解每个目录的作用和功能，下面简要介绍 MySQL8.0 的文件存储和数据目录体系结构。

(1) 数据库文件 (datadir)。数据库的实际数据存储在这个目录下。在 MySQL8.0 中，默认的数据目录是 C:\ProgramData\MySQL\MySQL Server 8.0\data。

(2) 日志文件 (log files)。MySQL 使用日志文件记录事务和其他操作。MySQL8.0 引入了新的日志文件格式，包括 redo log(重做日志) 和 binary log(二进制日志)。这些日志文件默认存储在 C:\ProgramData\MySQL\MySQL Server 8.0\data 目录下。

(3) 配置文件 (my.ini)。MySQL 的配置文件包含了数据库的各种设置和选项。在 Windows 环境下，MySQL8.0 的配置文件通常位于 C:\ProgramData\MySQL\MySQL Server 8.0\ 中。

(4) 插件文件 (plugin files)。MySQL 的插件文件存储了扩展功能和存储引擎。默认情况下，插件文件位于 C:\ProgramData\MySQL\MySQL Server 8.0\lib\plugin 目录下。

(5) Backup 文件存储备份数据。

(6) tmp 文件存储临时数据。

(7) Performance Schema 目录存储与性能相关的数据。

(8) mysql 系统数据库存储 MySQL 的系统表。

其他用户创建的数据库和表存储在 datadir 目录的不同子目录下。

需要说明的是，实际中具体的文件存储位置可能会因 MySQL 的安装方式、配置以及个人设置而有所不同。如果用户使用了自定义安装路径或配置文件，则存储位置可能会有所变化。

任务 2.4　创 建 数 据 库

数据库 (Database) 是长期存储在计算机中有组织、可共享的数据集合，是存储数据对象的仓库。这些对象有用户、表、视图、存储过程、触发器等，其中表是最基本的数据对象，用于组织和存储数据。在 MySQL 数据库服务器中可以存储多个数据库，这些数据库分为系统数据库和用户数据库两类。

2.4.1　系统数据库介绍

登录服务器后，系统中已经有 4 个数据库，这就是系统数据库。系

系统数据库

统数据库是 mysql 自带的数据库，其中包含了管理 MySQL 服务器所需的各种元数据信息（用户信息、权限信息、存储引擎信息、系统日志等）。

1. information_schema（信息）数据库

该数据库存储了实例中的所有库、表、列、索引等元数据信息。通过该数据库，MySQL 管理员可以获得更加详细的、实时的系统性能信息，如 CPU 使用情况、内存使用情况、锁状态、等待状态、I/O 操作等。

2. mysql 数据库

该数据库是 MySQL 的核心数据库，主要存储数据库的用户、权限设置、关键字等 MySQL 需要使用的控制和管理信息。通过 mysql 数据库中的各种表，管理 MySQL 服务器的用户信息、管理权限、修改密码等操作。mysql 数据库中这些信息不可删除，不要轻易去修改这个数据库中的信息。user 表是该数据库中最常用的表。用户的账户密码就存储在该表中。

3. performance_schema（性能）数据库

这个数据库用于收集与数据库服务器性能相关的数据和指标。用于监控服务器中底层的资源消耗，资源等待等情况，它提供性能监控和调优功能，可以帮助管理员优化数据库。

4. sys 数据库

sys 数据库中所有的数据都来自 performance_schema 数据库，它提供了一组视图和存储过程，可以方便数据库管理员和开发人员利用 performance_schema 数据库进行调优和诊断。

在 MySQL 中，系统数据库就是描述数据库的数据。服务器主机上有哪些数据库、每个库有哪些表、表有多少字段、字段是什么类型、访问权限等。除了系统数据库外，用户自己建的数据库叫用户数据库。下面创建的数据库都是用户数据库。

2.4.2　创建数据库

为了避免存在同名数据库而出现错误提示，在创建数据库前，可以先查看数据库。

创建和管理数据库

1. 查看数据库

在命令模式下，要查看服务器中已有数据库，可以使用 SHOW DATABASES 命令，下面分别介绍满足不同需求查看数据库的方法。

1) 查看服务器中已有数据库

语法格式：

```
SHOW DATABASES
```

功能：

显示系统所有系统数据库和用户数据库。

【例 2-8】　查看服务器中的数据库。

本例操作命令如下：

```
SHOW DATABASES;
```

命令执行结果如图 2-10 所示。

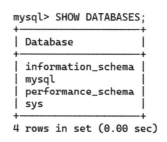

图 2-10　查看服务器中已有数据库

2) 查看当前的数据库

语法格式:

SELECT DATABASE()

功能:

显示当前使用的数据库名称。

2. 创建数据库

1) 在 MySQL 命令行创建数据库

语法格式:

CREATE DATABASE [IF NOT EXISTS] 数据库名

[[DEFAULT] CHARACTER SET < 字符集名 >]

[[DEFAULT] COLLATE < 校对规则名 >]

说明:

(1) 省略所有可选项:表示创建的数据库采用默认的字符集和校对规则。

(2) [IF NOT EXISTS]:此为可选项,在创建数据库之前对即将创建的数据库名称是否已经存在进行判断,如果需要创建的数据库目前尚不存在,则创建数据库;如果已经存在同名数据库,则不能创建数据库。若无此选项,建库时存在同名数据库则出现错误提示。

(3) 数据库名称必须符合操作系统的文件夹命名规则:数据库名称不能以数字开头,要尽量做到见名知意,MySQL8.0 不区分大小写。

(4) [DEFAULT] CHARACTER SET:指定数据库的字符集。指定字符集的目的是避免在数据库中存储的数据出现乱码的情况。如果在创建数据库时不指定字符集,那么就使用系统的默认字符集。

(5) [DEFAULT] COLLATE:指定字符集的默认校对规则,其后的校对规则名称要使用 MySQL 支持的具体校对规则名称。

【例 2-9】　创建数据库 db1,字符集采用 gb2312,校对规则采用 gb2312_chinese_ci(简体中文,不区分大小写),并查看数据库是否创建成功。

本例操作命令如下:

CREATE DATABASE IF NOT EXISTS db1

DEFAULT CHARACTER SET gb2312

> DEFAULT COLLATE gb2312_chinese_ci;
> SHOW DATABASES;

命令执行结果如图 2-11 所示。

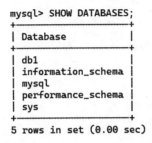

图 2-11　创建指定字符集数据库

【例 2-10】　创建数据库 db2，采用系统默认的字符集和校对规则。

本例操作命令如下：

> CREATE DATABASE db2;
> SHOW DATABASES;

命令执行结果如图 2-12 所示。

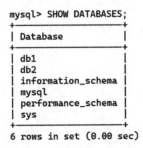

图 2-12　创建数据库成功提示

图中：

"Query OK" 表示上面的命令执行成功；

"1 row affected" 表示操作只影响了数据库中一行的记录；

"0.01 sec" 则记录了操作执行的时间。(时间很短)

2) 在 Workbench 客户端创建数据库

前面介绍了使用 MySQL 命令行客户端创建数据库，也可以借助可视化的 MySQL 数据库管理工具 (Workbench、Navicat、PHP、MyAdmin 等) 来创建数据库。

【例 2-11】　在 MySQL Workbench 客户端创建数据库 dbschool。

单击创建数据库按钮①，输入数据库名② (dbschool)，采用默认字符集③和该字符集的校对规则④，如图 2-13 所示。用户还可以根据需要选择指定的数据库字符集和对应的校对规则。

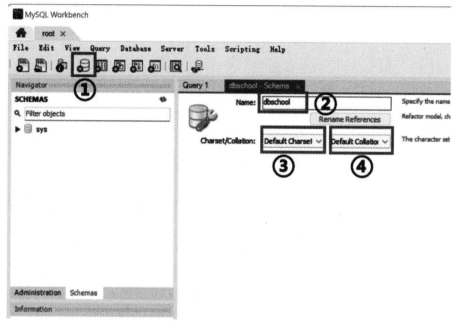

图 2-13 在 MySQL Workbench 中创建数据库

单击右下角的 Apply 按钮，Workbench 会自动生成 SQL 语句，再次单击 Apply 就可以成功创建数据库，同时，在左侧数据库列表中可以看到新建的数据库 dbschool，如图 2-14 所示。

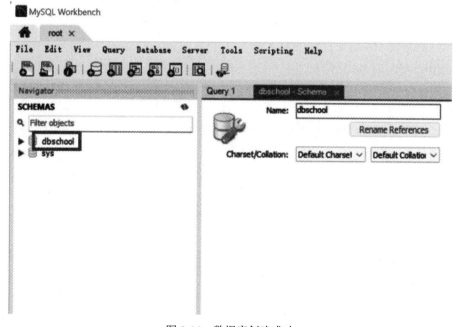

图 2-14 数据库创建成功

任务 2.5　管理数据库

数据库的管理主要包括查看、修改和删除数据库等。

2.5.1　打开数据库

数据库创建好之后，使用 USE 命令可指定当前数据库。

语法格式：

> USE 数据库名

说明：

数据库创建好后，不会自动成为当前数据库，需要 USE 命令来指定当前数据库。

【例 2-12】 把前面的建立的 db1 数据库变为当前数据库。

本例操作命令如下：

> USE db1
>
> USE 命令也可以用来实现数据库之间的切换。

2.5.2　修改数据库

在实际工作中，有时需要对已创建好数据库的字符集、校对规则进行修改，这时可以使用 ALTER DATABASE 命令修改数据库的相关参数。

语法格式：

> ALTER {DATABASE|SCHEMA} 数据库名
>
> {[DEFAULT] CHARACTER SET < 字符集名 >|
>
> [DEFAULT] COLLATE < 校对规则名 >}

说明：

修改数据库的全局特性，这些特性存储在数据库目录的 DB.BOPT 文件中。特别强调，用户必须拥有对数据库的修改权限，才可以使用 ALTER DATABASE 语句修改数据库。

【例 2-13】 把数据库 db2 的字符集修改为 GBK，校对规则修改为 gbk_chinese_ci。

本例操作命令如下：

> ALTER DATABASE db2 CHARACTER SET GBK COLLATE gbk_chinese_ci;

2.5.3　删除数据库

使用 DROP DATABASE 命令删除已有数据库。

语法格式：

> DROP DATABASE [IF EXISTS] 数据库名

说明：

该命令一次只允许删除一个数据库，并且会永久删除指定的数据库，包括数据库中的所有对象，因此一定要慎重使用。

【例 2-14】 删除数据库 db1。

本例操作命令如下：

```
DROP DATABASE db1;
```

课 后 练 习

一、单选题

1. 下列数据库中，(　　) 不属于 MySQL8.0 系统数据库。

A. information_schema　　　　　　B. mysql

C. performance_schema　　　　　　D. system

2. dbschool 数据库属于 (　　)。

A. 系统数据库　　　　　　B. 用户数据库

C. 数据库模板　　　　　　D. 数据库系统

3. MySQL8.0 默认的字符集是 (　　)。

A. LATIN1　　　　　　B. GBK

C. UTF8mb4　　　　　　D. UTF8

4. MySQL8.0 默认的存储引擎是 (　　)。

A. MyISAM　　　　　　B. MEMORY

C. InnoDB　　　　　　D. ARCHIVE

5. 一个字符集对应 (　　) 种校对规则。

A. 1　　　　　　B. 2

C. 3　　　　　　D. 多

二、填空题

1. 在 MySQL 中，创建数据库 db1 的命令是 ＿＿＿＿＿＿＿＿＿＿＿。

2. 查询 MySQL 服务器中的数据库的语句是 ＿＿＿＿＿＿＿＿＿＿＿。

3. MySQL 一次可删除 ＿＿＿＿＿ 个数据库。

4. MySQL 支持 ＿＿＿＿＿ 种存储引擎。

5. 删除数据库 db2 的语句是 ＿＿＿＿＿＿＿＿＿＿＿。

知识延伸

在实际开发和生产环境中，通常会有多台服务器或者多个开发人员需要访问同一个 MySQL 数据库。MySQL 是一种开源的关系型数据库管理系统，被广泛应用于各种 Web 应用程序和服务器端开发中。在 MySQL 中，root 用户是最高权限的用户，可以进行数据库的管理和配置。但是，在默认情况下，root 用户是无法远程连接到 MySQL 服务器的，这样就限制了数据库的灵活性和可访问性。如果 root 用户无法远程连接，就会导致数据访问和管理的不便利性。开启 root 用户的远程连接权限可以让多台服务器或者多个开发人员通过网络远程连接到 MySQL 数据库，方便数据的管理和操作。

如何开启 MySQL root 用户的远程连接权限？下面介绍具体的操作步骤以及命令示例：

步骤 1：登录 MySQL 数据库，使用 root 用户登录到 MySQL 数据库。可以通过以下命令进行登录：

```
mysql -u root -p
```

步骤 2：修改 root 用户的密码。

如果 root 用户没有设置密码，可以通过以下命令设置密码：

```
ALTER USER 'root'@'localhost' IDENTIFIED BY 'new_password';
```

步骤 3：允许 root 用户从远程主机连接。

接下来，需要修改 root 用户的权限，允许其从远程主机连接到 MySQL 服务器。可以通过以下命令进行设置：

```
GRANT ALL PRIVILEGES ON *.* TO 'root'@'%' IDENTIFIED BY 'password' WITH GRANT OPTION;
```

步骤 4：刷新权限。

最后，需要刷新 MySQL 的权限使修改生效。可以通过以下命令进行刷新：

```
FLUSH PRIVILEGES;
```

完成以上步骤后，就可以通过远程主机连接到 MySQL 数据库了。

ALL PRIVILEGES 是 MySQL 中最高级别的权限之一，赋予用户对所有数据库和表执行任何操作的权限。授予用户 ALL PRIVILEGES 权限将使其具有管理、创建、修改和删除数据库以及对所有表执行各种操作的权限。除了 ALL PRIVILEGES 外，MySQL 中还有其他一些权限，这些权限允许用户执行特定类型的操作。

以下是一些常见的 MySQL 权限：

SELECT：允许用户查询 (检索) 表中的数据。

INSERT：允许用户向表中插入新数据。

UPDATE：允许用户修改表中现有的数据。

DELETE：允许用户从表中删除数据。

CREATE：允许用户创建新的数据库或数据表。

DROP：允许用户删除数据库或数据表 (慎用)。

ALTER：允许用户修改数据库或数据表的结构。

GRANT OPTION：允许用户授予或撤销其他用户的权限 (需要有相应的权限才能授予该权限)。

项目 3

创建和管理数据表

素质目标

- 具备数据设计和应用的职业素养；
- 具有良好的行为规范，增强自我约束意识。

知识目标

- 深入理解 MySQL 数据库系统中各类常用数据类型的特性及应用场景，并熟悉其多样化的约束机制；
- 熟练运用命令行客户端工具，能够高效地完成数据表的创建与修改操作；
- 熟悉数据表的管理技术，确保数据库结构的稳定性和性能优化。

能力目标

- 能够精准剖析各类数据的特性，并据此创建清晰明了的表格；
- 能够依据实际需求对表格进行细致的调整，并设置必要的约束条件以确保数据的准确性；
- 能够实现表格的复制、删除以及查看等功能，确保数据管理的严谨性和高效性。

▶▶ **案例导入**

在"学生成绩管理系统"中，为确保数据的完整性与安全性，班级、学生、课程及成绩等相关数据需妥善保存在数据库中。然而，这些数据并非直接存储于数据库本身，而是应当存放于数据库的表中。数据库本质上扮演着存放和管理各类数据对象的角色，它提供了必要的结构化和组织化环境。因此，有必要在数据库中建立专门的表结构，用以分别存储不同类型的数据记录，并实现对这些表的有效管理和灵活操作。

在"学生成绩管理系统"中，需要建立多个表来分别存储不同的数据记录。例如：可以创建一个"班级表"来存储各个班级的基本信息，包括班级名称、班主任、学生人数等；同时，还需创建一个"学生表"来记录每个学生的详细信息，包括姓名、性别、学号、班级等。此外，为了记录学生的学习情况，还需要建立"课程表"和"成绩表"。其中，"课程表"用于存储课程的名称、类型、授课老师等信息，而"成绩表"则用于记录学生各门课程的成绩。

在建立了相应的表之后，还需要对表进行相应的管理和操作，包括数据的增删改查等操作，以及对表结构进行调整和优化。通过这些操作，可以确保数据的准确性和完整性，同时提高系统的性能和稳定性。

任务 3.1 认识数据表元素

在创建数据表时，需要对表中的字段进行详细定义，包含字段的数据类型、宽度、是否为空、约束类型等。

3.1.1 数据表中常用的数据类型

在 MySQL 中，各种对象都有对应的数据类型，将不同的对象按不同的数据类型来存储和管理，可以提高系统的存储和运行效率。例如，要存储 10 个字符的学生"学号"信息，就可以选择定长字符型的数据类型 char，长度为 10，而要保存学生的"专业"信息，可以使用变长字符型的数据类型 varchar，长度可设为专业的最大长度，这样可以提高存储的效率。因此，在创建数据表时为表的每个字段指定合适的数据类型及数据宽度对数据库的优化是非常重要的。

MySQL 中的数据类型主要分为数值类型、字符串类型、日期和时间类型、JSON 类型等。

1. 数值类型

MySQL 中的数值类型用来存储能够进行算术运算的数据，分为整数类型、浮点数类型和定点数类型。

1) 整数类型

整数类型的取值范围如表 3-1 所示。

表 3-1 整 数 类 型

类 型	字节	存储范围 (无符号)	存储范围 (有符号)
tinyint	1	0～255	−128～127
smallint	2	0～65 535	−32 768～32 767
mediumint	3	0～16 777 215	−8 388 608～8 388 607
int	4	0～4 294 967 295	−2 147 483 648～2 147 483 647
bigint	8	0～18 446 744 073 709 551 615	$−9.22*10^{18}～9.22*10^{18}$

2) 浮点数类型

浮点数类型不能精确表示数据的精度，使用这种类型来存储某些数值时，有可能会损失一些精度，所以也称近似类型，通常用来处理取值范围非常大且对精度要求不太高的数据，如一些统计量。

MySQL 中的浮点类型有单精度浮点型 float 和双精度浮点型 double，分别使用 4 个和 8 个字节，精度范围在 7 位和 15 位左右。其定义方式分别为 float(m,d) 和 double(m,d)。其中 m 为整个数值长度 (整数位 + 小数位)，d 为小数点后的位数。

3) 定点数类型

如果要存储精度相对要求较高的数据，如财务数据、科学数据等，就要使用定点数类型，其小数位数是固定的。定点数类型有 numeric|decimal，两者等价，定义格式为 numeric[(m,d)] 或 decimal[(m,d)]，d 默认为 0，存储为 (m + 2) 字节。

2. 字符串类型

MySQL 中的字符串类型用来存储字符数据，包括普通文本字符串类型 (char、varchar)、二进制字符串类型 (blob)、大文本字符串类型 (text) 和单选项数据类型 (enum) 与特殊类型 (set)，如表 3-2 所示。

表 3-2 MySQL 中的字符串类型

类型	大 小	说 明
char	0～255 字符	定长字符串，检索效率高
varchar	0～65 535 字符	变长字符串，节省存储空间
blob	0～65 535 字符	二进制形式的字符串，常用于存储图片、音频信息等
text	0～65 535 字符	大文本字符串，检索效率比 varchar 低，不能有默认值
enum	选项数：0～65 535	只能取单值，如存储性别信息
set	元素数量：0～64	可以取多个值，如存储一个人的兴趣爱好

3. 日期和时间类型

日期和时间类型具有特定的格式，专用于表示日期、时间。其主要类型如表 3-3 所示。

表 3-3　MySQL 中的日期和时间类型

类　型	格　式	取 值 范 围	字节	说　明
date	'yyyy-mm-dd'	'1000-01-01'～'9999-12-31'	3	日期
time	'hh:mm:ss'	'-838:59:59'～'838:59:59'	3	时间
datetime	'yyyy-mm-dd hh:mm:ss'	'1000-01-01 00:00:00'～ '9999-12-31 23:59:59'	8	日期与时间
year	yyyy	1909～2155	1	年份值

4. Json 类型

Json 类型是 MySQL 结合结构化存储和非结构化存储设计出来的一种类型，用于互联网应用服务之间的数据交换。它可以用来存储任何类型的 Json 数据，如序列化的对象和数组。

Json 对象是由 {} 括起来的内容，包含一组由逗号分隔的键值对，键与值之间用 ":" 分隔，键必须是字符串，类似于 Python 中的字典。例如：

{"name":"John", "age":30, "city":"New York"}

Json 数组是由 [] 括起来的一组值，类似于 Python 中的列表。例如：

[80,78,64,89,56]，["apple","banana","peach","oranage"]

在 Json 数组元素和 Json 对象键值中允许嵌套。

例如，在 Json 数组中嵌入数组和对象：

[80,{"name":" 周颖 ","age":19,"city":"XianYang"},[" 计算机网络技术 ","Python 程序设计 ","Linux 操作系统 "]]

在 Json 对象中嵌入数组和对象的值：

{"name":" 张小果 ","address":{"country":"china","city":"xianyang"},

"electives":[" 书法 "，" 茶艺 "] }

3.1.2　MySQL 的约束

MySQL 的约束主要完成对数据的检验，是指对表中数据的一种约束行为，可以实现数据完整性。数据完整性指数据库中数据的正确性和一致性，主要分为实体完整性、域完整性和参照完整性。例如，两个表中如果有相互依赖的数据，可保证数据不能删除或更改。设置约束的主要目的是保证数据的完整性。

MySQL 的约束主要包括主键约束、唯一键约束、非空约束、默认值约束、检查约束和外键约束 6 种，它们和完整性之间的关系如表 3-4 所示。

表 3-4　约束和数据完整性之间的关系

完整性类型	约 束 类 型	约束对象
实体完整性	主键约束 (primary key)	行
	唯一键约束 (unique)	
域完整性	非空约束 (not null)	列
	默认值约束 (default)	
	检查约束 (check)	
参照完整性	外键约束 (foreign key)	表之间

1. 实体完整性

实体完整性用来保证数据表中记录的唯一性。可通过主键约束和唯一键约束实现。

1) 主键约束

主键 (PRIMARY KEY) 是用来唯一标识数据表中每条记录的一个或多个字段组合。由多个字段组合而成的主键也称为组合主键，主键值必须唯一，不能有重复值，也不允许为空 (NULL) 值，一个数据表只能定义一个主键。

可以在创建数据表或修改数据表时通过 PRIMARY KEY 关键字设置主键约束。

2) 唯一键约束

唯一 (UNIQUE) 键约束也称候选键约束，与主键约束类似。唯一键约束用于非主键的一个或多个字段组合。唯一键可以为空，一个表可以定义多个唯一键约束。

唯一键约束可以在创建数据表或修改数据表时使用 UNIQUE 关键字来定义。

2. 域完整性

域完整性要求输入的值必须为指定的数据类型、取值范围，确定是否允许为空以及输入的值类型和范围是否有效。可通过以下 3 种约束来实现。

1) 非空值约束

非空约束 (NOT NULL) 是指字段的值不能为空。使用了非空约束的字段，如果用户在添加数据时没有给其指定值，则数据库系统会报错。非空约束可以在创建数据表时设置，还可以在已创建的数据表中添加。

2) 默认值约束

如果某字段的某个值出现概率较大，为了提高用户输入数据的效率，可以设置字段的默认值 (default)。为字段指定默认值后，在添加记录时，系统会自动为该字段输入指定的默认值。

3) 检查约束

通常使用检查 (CHECK) 约束对字段进行数据输入值的限定，指定某个字段可接受的值。例如，在设置学生性别字段值为"男""女"后，如果用户输入的性别不是"男"或"女"，则系统会提示错误信息。

3. 参照完整性

参照完整性又称引用完整性，是建立在主键与外键之间的一种引用规则，以此来保证主表 (主键所在表) 数据和从表 (外键所在表) 数据的一致性，防止出现数据丢失和无效数据的产生。例如，成绩表中参加考试的学生应该是学生表中的学生，所以，成绩表中的学号是外键，应是学生表中存在的学号 (主键)。

参照完整性可通过外键约束 (FOREIGN KEY) 来实现。

在实际应用中，数据库中不同表的数据通常存在联系，必须先在主表中定义主键约束，然后再在从表中设置外键以实现表之间数据的关联和参照。

设置外键约束后，不允许用户进行下列操作：

(1) 在主表中没有关联的记录时，将记录添加或更改到相关的从表中。

(2) 更改主表的值，导致相关从表中生成孤立记录。

(3) 从主表中删除了记录，但仍然存在与该记录匹配的相关记录在从表中。

任务 3.2 创建数据表

数据表是最重要、最基本的数据库对象，数据库中的数据都存放在不同的表中。MySQL 中的数据表是由行和列组成的二维表，包括表结构和表记录两部分。要先定义表结构，然后才能输入表记录。

创建好数据库后，就可以在数据库中创建数据表了，创建数据表的过程就是定义表结构的过程，同时也是实施数据完整性约束的过程。

表中的每一列称为字段，字段由字段名和字段值构成。数据表的第一行称为字段名。除第一行以外的其他行称为记录，每一条记录由多个字段值构成。在定义表结构时，要根据表中的数据确定每个字段的名称、数据类型、宽度以及相关约束。

class(班级) 表、student(学生) 表、course(课程) 表和 study(成绩) 表的数据如表 3-5～表 3-8 所示。

表 3-5　class(班级) 表数据

classid	classname	department
211101	21 大数据与会计 1 班	会计学院
221101	22 大数据与会计 1 班	会计学院
211201	21 会计信息管理 1 班	会计学院
221301	22 大数据与财管 1 班	会计学院
221302	22 大数据与财管 2 班	会计学院
212110	21 大数据 10 班	大数据学院
222101	22 大数据 1 班	大数据学院
212201	21 人工智能 1 班	大数据学院
222301	22 计算机应用 1 班	大数据学院
222503	22 数字媒体 3 班	大数据学院
213202	21 跨境电商 2 班	商学院
223301	22 物流管理 1 班	商学院
223204	22 空中乘务 4 班	商学院
214501	21 工程造价 1 班	经金学院
214502	21 工程造价 2 班	经金学院
224201	22 金融科技应用 1 班	经金学院

表 3-6　student（学生）表数据

sno	sname	gender	birthday	nation	subject	classid
21110101	张宇飞	女	2002-1-14	汉	大数据与会计	211101
21110102	吴昊天	男	2002-3-17	汉	大数据与会计	211101
21120101	江山	女	2002-8-30	回	会计信息管理	211201
21211001	李明	男	2001-12-24	汉	大数据技术	212110
21220101	章炯	女	2001-11-10	壮	人工智能技术应用	212201
21320201	张晓英	女	2002-2-8	汉	跨境电子商务	213202
21450101	刘家林	男	2002-5-18	汉	工程造价	214501
22110101	李丽	女	2004-2-23	侗	大数据与会计	221101
22110102	夏子怡	女	2003-12-6	汉	大数据与会计	221101
22130201	林涛	男	2003-11-28	汉	大数据与财务管理	221302
22210101	张开琪	女	2003-9-27	汉	大数据技术	222101
22230101	王一博	男	2003-11-16	回	计算机应用技术	222301
22250301	郭志坚	男	2004-4-5	汉	数字媒体	222503
22330101	王小辉	男	2004-3-20	傣	物流管理	223301
22320401	吴鑫	男	2004-2-2	汉	空中乘务	223204
22420101	孙月茹	女	2004-6-29	汉	金融科技应用	224201

表 3-7　course（课程）表数据

cno	cname	period	credits	term
01001	经济数学	48	3	1
01002	大学英语	64	4	1
01003	国学经典	32	2	4
01004	思想道德与法治	64	4	2
11001	基础会计	64	4	1
11002	财务会计	64	4	2
11003	财务管理			
11004	成本会计	64	4	4
21001	计算机网络	64	4	1
21002	Java 程序设计	64	4	
21003	Linux 操作系统	64	4	2
21004	数据库基础			
21005	平面设计	64	4	
21006	Python 数据分析	64	4	
31001	现代物流概论	64	4	1
31002	客户服务与管理	64	4	3
31003	民航概论	64	4	1
31004	市场调查与预测	64	4	2
41001	金融学基础	64	4	1
41002	工程造价管理	64	4	3

表 3-8   study(成绩) 表数据

sno	cno	score	sno	cno	score
21110101	11003	80	22110102	01001	60
21110101	11004	66	22110102	11001	66
21110102	11003	52	22130201	01001	50
21110102	11004	85	22130201	11001	79
21120101	11003	73	22130201	01004	88
21120101	21004	88	22210101	01002	45
21211001	21002	62	22210101	21002	85
21211001	21003	77	22210101	01004	91
21211001	21004	82	22230101	01002	56
21211001	21006	78	22230101	21001	75
21220101	21004	72	22250301	01002	88
21220101	21003	71	22250301	21005	90
21220101	21006	55	22330101	01001	78
21320201	31004	88	22330101	31001	87
21320201	31002	84	22320401	01002	68
21450101	11003	66	22320401	31003	82
21450101	41002	72	22420101	01001	90
22110101	01001	62	22420101	01004	86
22110101	11001	87	22420101	41001	87

根据表内容，设计对应表各字段的数据类型及约束，如表 3-9～表 3-12 所示。

表 3-9   class(班级) 表的结构

字段名	字段类型	字段宽度	是否为空	约　束	备　注
classid	char	6	否	主键	班级号
classname	varchar	10	否	唯一键	班级名
department	varchar	10	否		所属学院

表 3-10   student(学生) 表的结构

字段名	字段类型	字段宽度	是否为空	约　束	备　注
sno	char	8	否	主键	学号
sname	varchar	10	否		姓名
gender	char	1	否	其值只能是男或女	性别
birthday	date				出生日期
nation	varchar	10		默认值：汉	民族
subject	varchar	10			专业
classid	char	6		class 表的外键	所在班级

表 3-11　course(课程) 表的结构

字段名	字段类型	字段宽度	是否为空	约　束	备　注
cno	char	5	否	主键	课程号
cname	varchar	10	否		课程名
period	int				课时
credit	int				学分
term	char	1			开设学期

表 3-12　study(成绩) 表的结构

字段名	字段类型	字段宽度	是否为空	约　束	备　注
sno	char	8	否	student 表的外键	学号
cno	char	5	否	course 表的外键	课程号
score	float	4,1		其值只能在 0~100 之间	成绩
				组合主键：sno、cno	学号、课程号

3.2.1　创建数据表

可以使用 CREATE TABLE 语句在当前数据库中创建数据表。在创建数据表之前，一定要使用 USE 命令打开数据库。

创建和查看表

以下及后面章节的操作命令，如无特殊说明，均在 MySQL 命令行完成。

1. 语法格式

```
CREATE TABLE 表名
( 字段名 1 数据类型 [( 宽度 )] [NOT NULL][DEFAULT 默认值 ][AUTO_INCREMENT]
[PRIMARY KEY][UNIQUE][CHECK 条件表达式 ]
[, 字段名 2…]
|[,CONSTRAINT [ 约束名 ]] PRIMARY KEY( 关键字 )
|[,CONSTRAINT [ 约束名 ]] UNIQUE( 关键字 )
|[,CONSTRAINT [ 约束名 ]] FOREIGN KEY( 列名 ) REFERENCES 主表 ( 主键 )
|[,CHECK 条件表达式 ])
```

说明：

(1) [DEFAULT 默认值] 表示设置的字段默认值。

(2) [AUTO_INCREMENT] 表示自动增长类型，用于自动生成有顺序的编号，通常在表数据很大，且无特殊格式规定的情况下使用，优势明显。

(3) [PRIMARY KEY] 用于定义主键约束。

(4) [UNIQUE] 用于定义唯一键约束。

(5) [CHECK 条件表达式] 用于定义检查约束，在 MySQL8.0.16 以上版本才有效。

(6) [FOREIGN KEY…REFERENCES…] 用于定义外键约束。

2. 创建表并定义非空约束

【例 3-1】　在数据库 dbschool 中创建 class 数据表，只定义非空约束。

本例操作命令如下：

```
                SHOW DATABASES;
                USE dbschool;
                SHOW TABLES;  #查看当前数据库的表
                CREATE TABLE class
                (
                classid char(6) NOT NULL,
                classname varchar(10) NOT NULL,
                department varchar(10) NOT NULL
                );
                SHOW TABLES;
```

```
mysql> USE dbschool;
Database changed
mysql> SHOW TABLES;    #查看当前数据库的表
Empty set (0.00 sec)

mysql> CREATE TABLE class
    → (
    → classid char(6) NOT NULL,
    → classname varchar(10) NOT NULL,
    → department varchar(10) NOT NULL
    → );
Query OK, 0 rows affected (0.01 sec)

mysql> SHOW TABLES;
+-------------------+
| Tables_in_dbschool |
+-------------------+
| class             |
+-------------------+
1 row in set (0.00 sec)
```

命令执行结果如图 3-1 所示。比较两个 SHOW TABLES 命令的执行情况，可以看到 class 表创建成功。

图 3-1　创建仅含非空约束的 class 表

3. 创建表并定义主键

【例 3-2】　在数据库 dbschool 中创建包含主键约束和非空约束的 course 表。

本例操作命令如下：

```
                CREATE TABLE course
                (
                cno char(5) PRIMARY KEY,
                cname varchar(10) NOT NULL,
                period int,
                credit int,
                term char(1)
                );
                SHOW TABLES;
```

命令执行结果如图 3-2 所示。

```
mysql> CREATE TABLE course
    → (
    → cno char(5) PRIMARY KEY,
    → cname varchar(10) NOT NULL,
    → period int,
    → credit int,
    → term char(1)
    → );
Query OK, 0 rows affected (0.02 sec)

mysql> SHOW TABLES;
+-------------------+
| Tables_in_dbschool |
+-------------------+
| class             |
| course            |
+-------------------+
2 rows in set (0.00 sec)
```

图 3-2　创建包含主键约束和非空约束的 course 表

4. 创建表并定义主键、默认值和检查约束

【例 3-3】 在数据库 dbschool 中创建 student 表，包含主键约束、检查约束和默认值约束。

创建表并定义表约束

本例操作命令如下：

```
CREATE TABLE student
(
sno char(8),
sname varchar(10) NOT NULL,
gender char(1) NOT NULL CHECK(gender=' 男 ' OR gender=' 女 '),
birthday date,
nation varchar(10) DEFAULT ' 汉 ',
subject varchar(10),
classid char(6),
PRIMARY KEY(sno)
);
```

命令执行结果如图 3-3 所示。

```
mysql> CREATE TABLE student
    → (
    → sno char(8),
    → sname varchar(10) NOT NULL,
    → gender char(1) NOT NULL CHECK(gender='男' OR gender='女'),
    → birthday date,
    → nation varchar(10) DEFAULT '汉',
    → subject varchar(10),
    → classid char(6),
    → PRIMARY KEY(sno)
    → );
Query OK, 0 rows affected (0.02 sec)

mysql> SHOW TABLES;
+-------------------+
| Tables_in_dbschool |
+-------------------+
| class             |
| course            |
| student           |
+-------------------+
3 rows in set (0.00 sec)
```

图 3-3 创建包含主键约束、检查约束和默认值约束的 student 表

5. 创建表并定义外键约束

【例 3-4】 在 dbschool 中创建 study 表，定义组合主键，并分别在学号和课程号字段上定义外键。

本例操作命令如下：

```
CREATE TABLE study
(
```

```
sno char(8) NOT NULL,
cno char(5) NOT NULL,
score float(4,1),
PRIMARY KEY(sno,cno),
FOREIGN KEY(sno) REFERENCES student(sno),
FOREIGN KEY(cno) REFERENCES course(cno)
);
```

命令执行结果如图 3-4 所示。

```
mysql> CREATE TABLE study
    → (
    → sno char(8) NOT NULL,
    → cno char(5) NOT NULL,
    → score float(4,1),
    → PRIMARY KEY(sno,cno),
    → FOREIGN KEY(sno) REFERENCES student(sno),
    → FOREIGN KEY(cno) REFERENCES course(cno)
    → );
Query OK, 0 rows affected, 1 warning (0.01 sec)
```

图 3-4   创建包含组合主键和外键约束的 study 表

在创建和管理 MySQL 数据库表时要注意几个因素：

(1) 明确业务需求：在开始创建数据表之前，需要明确业务需求，这将决定表的设计和结构。了解所需存储的数据类型、值以及数据之间的关系。

(2) 设计数据表结构：根据业务需求设计数据表的结构，包括选择合适的数据类型、设置主键和外键、确定索引等，以提高数据存储和查询的效率。

(3) 创建数据表：使用 SQL 语句创建数据表，并根据设计好的结构定义字段和约束。

(4) 操作和管理数据：在数据表创建完成后，可以开始插入数据，并对数据进行管理，如更新、删除和查询操作。

(5) 数据完整性和一致性：通过设置各种约束（如主键、外键、唯一约束等）来保证数据的完整性和一致性。

3.2.2 查看数据表

在数据库中完成数据表的创建后，就可以进行表的查看了。

1. 查看当前数据库中的表

在 MySQL Workbench 客户端和 MySQL 命令行客户端均可查看，前者更直观。

在命令行查看表的语句格式是：

SHOW TABLES;

【例 3-5】 使用两种方法查看 dbschool 数据库中的表。

在 MySQL Workbench 客户端，可以直观地查看到表的信息，如图 3-5 所示。

在 MySQL 命令行客户端执行的命令及结果如图 3-6 所示。

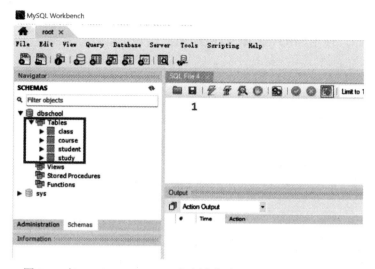

图 3-5 在 MySQL Workbench 客户端查看 dbschool 数据库中的表

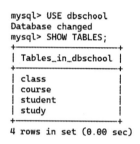

图 3-6 在 MySQL 命令行客户端查看 dbschool 数据库中的表

2. 查看数据表的基本结构

在 MySQL 中，可以使用 DESCRIBE/DESC 语句查看指定数据表的基本结构，包括表中的列名、数据类型和宽度、是否允许 NULL 值、默认值、数据完整性约束等。

语法格式：

DESCRIBE 表名

或者

DESC 表名

【例 3-6】 查看 dbschool 数据库中 student 表的基本结构。

在 MySQL 命令行客户端执行的命令及结果如图 3-7 所示。

```
mysql> DESCRIBE student;
+----------+-------------+------+-----+---------+-------+
| Field    | Type        | Null | Key | Default | Extra |
+----------+-------------+------+-----+---------+-------+
| sno      | char(8)     | NO   | PRI | NULL    |       |
| sname    | varchar(10) | NO   |     | NULL    |       |
| gender   | char(1)     | NO   |     | NULL    |       |
| birthday | date        | YES  |     | NULL    |       |
| nation   | varchar(10) | YES  |     | 汉      |       |
| subject  | varchar(10) | YES  |     | NULL    |       |
| classid  | char(6)     | YES  |     | NULL    |       |
+----------+-------------+------+-----+---------+-------+
7 rows in set (0.00 sec)
```

图 3-7 查看 student 表的基本结构

3. 查看表的定义脚本

在 MySQL 中，使用 SHOW CREATE TABLE 语句可以查看表的定义语句，还可以查看存储引擎和字符编码。

语法格式：

SHOW CREATE TABLE 表名 ;

或者

SHOW CREATE TABLE 表名 \G   ＃格式更美观

【例 3-7】 查看数据库 dbschool 中表 student 表的详细定义信息。

在 MySQL 命令行客户端执行的命令及结果如图 3-8 所示。

```
mysql> SHOW CREATE TABLE student\G
*************************** 1. row ***************************
       Table: student
Create Table: CREATE TABLE `student` (
  `sno` char(8) NOT NULL,
  `sname` varchar(10) NOT NULL,
  `gender` char(1) NOT NULL,
  `birthday` date DEFAULT NULL,
  `nation` varchar(10) DEFAULT '汉',
  `subject` varchar(10) DEFAULT NULL,
  `classid` char(6) DEFAULT NULL,
  PRIMARY KEY (`sno`),
  CONSTRAINT `student_chk_1` CHECK (((`gender` = _utf8mb4'男') or (`gender` = _utf8mb4'女')))
) ENGINE=InnoDB DEFAULT CHARSET=utf8mb3
1 row in set (0.00 sec)
```

图 3-8   查看 student 表的定义语句

任务 3.3   管理数据表

在数据表创建完成后，可以根据需要修改表结构和表约束，还可以对表进行复制和删除。

3.3.1   复制数据表

1. 使用 LIKE 关键字复制表结构

语法格式：

CREATE TABLE [IF NOT EXISTS] 新表名 LIKE 参照表名

说明：

创建一个与被复制表结构相同的新表，包括列名、数据类型、数据完整性约束，复制的新表是一个空表。

【例 3-8】 在 dbschool 数据库中，复制一个和 student 表结构相同的新表 s 并查看其定义语句。

在 MySQL 命令行客户端执行的命令及结果如图 3-9 所示。

```
mysql> CREATE TABLE s LIKE student;
Query OK, 0 rows affected (0.02 sec)

mysql> SHOW CREATE TABLE s\G
*************************** 1. row ***************************
       Table: s
Create Table: CREATE TABLE `s` (
  `sno` char(8) NOT NULL,
  `sname` varchar(10) NOT NULL,
  `gender` char(1) NOT NULL,
  `birthday` date DEFAULT NULL,
  `nation` varchar(10) DEFAULT '汉',
  `subject` varchar(10) DEFAULT NULL,
  `classid` char(6) DEFAULT NULL,
  PRIMARY KEY (`sno`),
  CONSTRAINT `s_chk_1` CHECK (((`gender` = _utf8mb3'男') or (`gender` = _utf8mb3'女')))
) ENGINE=InnoDB DEFAULT CHARSET=utf8mb3
1 row in set (0.00 sec)
```

图 3-9　复制 student 表结构并查看新表的定义

和图 3-8 进行比较，新表 s 的基本结构和原表 student 的基本结构完全相同。

2. 使用 AS 关键字复制表结构和记录

语法格式：

> CREATE TABLE [IF NOT EXISTS] 新表名 AS SELECT * FROM 参照表名

【例 3-9】　在 dbschool 数据库中，复制一个和 course 表字段内容均相同的表 c。

在 MySQL 命令行客户端执行的命令及结果如图 3-10 所示。

```
mysql> CREATE TABLE c AS SELECT * FROM course;
Query OK, 0 rows affected (0.02 sec)
Records: 0  Duplicates: 0  Warnings: 0

mysql> SHOW CREATE TABLE course\G
*************************** 1. row ***************************
       Table: course
Create Table: CREATE TABLE `course` (
  `cno` char(5) NOT NULL,
  `cname` varchar(10) NOT NULL,
  `period` int DEFAULT NULL,
  `credit` int DEFAULT NULL,
  `term` char(1) DEFAULT NULL,
  PRIMARY KEY (`cno`)
) ENGINE=InnoDB DEFAULT CHARSET=utf8mb3
1 row in set (0.00 sec)

mysql> SHOW CREATE TABLE c\G
*************************** 1. row ***************************
       Table: c
Create Table: CREATE TABLE `c` (
  `cno` char(5) NOT NULL,
  `cname` varchar(10) NOT NULL,
  `period` int DEFAULT NULL,
  `credit` int DEFAULT NULL,
  `term` char(1) DEFAULT NULL
) ENGINE=InnoDB DEFAULT CHARSET=utf8mb3
1 row in set (0.00 sec)
```

图 3-10　复制 course 表为 c 并查看两表的定义

可以看到，使用 AS 关键字复制表，相当于对原表进行检索后，将检索的结果作为一个新表保存。因此，新表的列、数据类型及记录和原表相同，但是原表中的索引和数据完整性约束不能被复制，新表中没有索引和数据完整性约束。

3.3.2 修改数据表结构

修改表结构

在实际应用中，可能因为一些需求的改变，要对已经创建的数据表结构进行修改，即对表中字段的增加、修改和删除。可以在命令行通过 ALTER TABLE 语句实现。

1. 删除字段

语法格式：

> ALTER TABLE 表名 DROP 字段名

【例 3-10】 在数据库 dbschool 中，删除 s 表中的字段 nation 并查看是否完成删除。

在 MySQL 命令行客户端执行命令，结果如图 3-11 所示。

```
mysql> DESCRIBE S;
+----------+-------------+------+-----+---------+-------+
| Field    | Type        | Null | Key | Default | Extra |
+----------+-------------+------+-----+---------+-------+
| sno      | char(8)     | NO   | PRI | NULL    |       |
| sname    | varchar(10) | NO   |     | NULL    |       |
| gender   | char(1)     | NO   |     | NULL    |       |
| birthday | date        | YES  |     | NULL    |       |
| nation   | varchar(10) | YES  |     | 汉      |       |
| subject  | varchar(10) | YES  |     | NULL    |       |
| classid  | char(6)     | YES  |     | NULL    |       |
+----------+-------------+------+-----+---------+-------+
7 rows in set (0.00 sec)

mysql> ALTER TABLE s DROP nation;
Query OK, 0 rows affected (0.01 sec)
Records: 0  Duplicates: 0  Warnings: 0

mysql> DESC S;
+----------+-------------+------+-----+---------+-------+
| Field    | Type        | Null | Key | Default | Extra |
+----------+-------------+------+-----+---------+-------+
| sno      | char(8)     | NO   | PRI | NULL    |       |
| sname    | varchar(10) | NO   |     | NULL    |       |
| gender   | char(1)     | NO   |     | NULL    |       |
| birthday | date        | YES  |     | NULL    |       |
| subject  | varchar(10) | YES  |     | NULL    |       |
| classid  | char(6)     | YES  |     | NULL    |       |
+----------+-------------+------+-----+---------+-------+
6 rows in set (0.00 sec)
```

图 3-11 在 s 表中删除已有字段 nation

2. 增加新字段

语法格式：

> ALTER TABLE 表名 ADD 新字段名 数据类型（宽度）[FIRST|AFTER 已有字段名]

说明：

如果省略 [FIRST|AFTER 已有字段名]，则默认在末字段后增加新字段；如果选择 FIRST 选项，则在首字段前增加新字段；如果选择 AFTER 已有字段名，则在已有字段名后增加新字段。

【例 3-11】 对 dbschool 数据库中的 s 表，在第一列前添加一个新字段 id，数据类型为 int，不允许为空；在末字段后增加 phone 字段，类型为 varchar(12)；在 birthday 字段后插入 mz 字段，类型为 char(10)，长度不变。

在 MySQL 命令行客户端执行命令，结果如图 3-12 所示。

```
mysql> ALTER TABLE s ADD id int NOT NULL FIRST;
Query OK, 0 rows affected (0.01 sec)
Records: 0  Duplicates: 0  Warnings: 0

mysql> ALTER TABLE s ADD phone varchar(12);
Query OK, 0 rows affected (0.01 sec)
Records: 0  Duplicates: 0  Warnings: 0

mysql> ALTER TABLE s ADD mz char(10) AFTER birthday;
Query OK, 0 rows affected (0.01 sec)
Records: 0  Duplicates: 0  Warnings: 0

mysql> DESC S;
+----------+-------------+------+-----+---------+-------+
| Field    | Type        | Null | Key | Default | Extra |
+----------+-------------+------+-----+---------+-------+
| id       | int         | NO   |     | NULL    |       |
| sno      | char(8)     | NO   | PRI | NULL    |       |
| sname    | varchar(10) | NO   |     | NULL    |       |
| gender   | char(1)     | NO   |     | NULL    |       |
| birthday | date        | YES  |     | NULL    |       |
| mz       | char(10)    | YES  |     | NULL    |       |
| subject  | varchar(10) | YES  |     | NULL    |       |
| classid  | char(6)     | YES  |     | NULL    |       |
| phone    | varchar(12) | YES  |     | NULL    |       |
+----------+-------------+------+-----+---------+-------+
9 rows in set (0.00 sec)
```

图 3-12　在 s 表中增加新字段

3. 修改字段名

语法格式：

ALTER TABLE 表名 CHANGE 已有字段名 新字段名 数据类型（宽度）

【例 3-12】　在数据库 dbschool 中，将 s 表中的字段名 mz 改为 nation。

在 MySQL 命令行客户端执行命令，结果如图 3-13 所示。

```
mysql> ALTER TABLE s CHANGE mz nation char(10);
Query OK, 0 rows affected (0.02 sec)
Records: 0  Duplicates: 0  Warnings: 0

mysql> DESC S;
+----------+-------------+------+-----+---------+-------+
| Field    | Type        | Null | Key | Default | Extra |
+----------+-------------+------+-----+---------+-------+
| id       | int         | NO   |     | NULL    |       |
| sno      | char(8)     | NO   | PRI | NULL    |       |
| sname    | varchar(10) | NO   |     | NULL    |       |
| gender   | char(1)     | NO   |     | NULL    |       |
| birthday | date        | YES  |     | NULL    |       |
| nation   | char(10)    | YES  |     | NULL    |       |
| subject  | varchar(10) | YES  |     | NULL    |       |
| classid  | char(6)     | YES  |     | NULL    |       |
| phone    | varchar(12) | YES  |     | NULL    |       |
+----------+-------------+------+-----+---------+-------+
9 rows in set (0.00 sec)
```

图 3-13　在 s 表中修改字段名

4. 修改字段类型或宽度

语法格式：

ALTER TABLE 表名 MODIFY 已有字段名 数据类型（宽度）

【例 3-13】　在数据库 dbschool 中，将 s 表中的 nation 字段类型改为 varchar。

在 MySQL 命令行客户端执行命令，结果如图 3-14 所示。

```
mysql> ALTER TABLE s MODIFY nation varchar(10);
Query OK, 0 rows affected (0.03 sec)
Records: 0  Duplicates: 0  Warnings: 0

mysql> DESC S;
+----------+-------------+------+-----+---------+-------+
| Field    | Type        | Null | Key | Default | Extra |
+----------+-------------+------+-----+---------+-------+
| id       | int         | NO   |     | NULL    |       |
| sno      | char(8)     | NO   | PRI | NULL    |       |
| sname    | varchar(10) | NO   |     | NULL    |       |
| gender   | char(1)     | NO   |     | NULL    |       |
| birthday | date        | YES  |     | NULL    |       |
| nation   | varchar(10) | YES  |     | NULL    |       |
| subject  | varchar(10) | YES  |     | NULL    |       |
| classid  | char(6)     | YES  |     | NULL    |       |
| phone    | varchar(12) | YES  |     | NULL    |       |
+----------+-------------+------+-----+---------+-------+
9 rows in set (0.00 sec)
```

图 3-14 在 s 表修改字段类型

3.3.3 添加 / 删除数据表约束

在创建表时可以直接定义完整性约束，也可以对已有表使用 ALTER TABLE 语句添加 / 删除完整性约束。

1. 添加 / 删除主键约束

语法格式：

> ALTER TABLE 表名 ADD PRIMARY KEY(字段名)| DROP PRIMARY KEY

【例 3-14】 在 class 表的 classid 字段上添加主键约束。

在 MySQL 命令客户端执行命令，结果如图 3-15 所示。

```
mysql> ALTER TABLE class add PRIMARY KEY(classid);
Query OK, 0 rows affected (0.04 sec)
Records: 0  Duplicates: 0  Warnings: 0

mysql> DESCRIBE class;
+------------+-------------+------+-----+---------+-------+
| Field      | Type        | Null | Key | Default | Extra |
+------------+-------------+------+-----+---------+-------+
| classid    | char(6)     | NO   | PRI | NULL    |       |
| classname  | varchar(10) | NO   |     | NULL    |       |
| department | varchar(10) | NO   |     | NULL    |       |
+------------+-------------+------+-----+---------+-------+
3 rows in set (0.00 sec)
```

图 3-15 在 class 表中添加主键约束

如果要删除该主键约束，可以执行如下命令：

> ALTER TABLE class DROP PRIMARY KEY;

2. 添加 / 删除外键约束

语法格式：

> ALTER TABLE 表名 ADD FOREIGN KEY(字段名) REFERENCES 主表 (主键)
>
> |DROP FOREIGN KEY 外键约束名

添加 / 删除表约束

其中的"外键约束名"，可以通过查看表的定义语句获得。

【例 3-15】　在 student 表的 classid 字段上定义外键，关联 class 表的主键 classid。

在 MySQL 命令客户端执行命令，结果如图 3-16 所示。

```
mysql> ALTER TABLE student ADD FOREIGN KEY(classid) REFERENCES class(classid);
Query OK, 0 rows affected (0.03 sec)
Records: 0  Duplicates: 0  Warnings: 0

mysql> SHOW CREATE TABLE student\G
*************************** 1. row ***************************
       Table: student
Create Table: CREATE TABLE `student` (
  `sno` char(8) NOT NULL,
  `sname` varchar(10) NOT NULL,
  `gender` char(1) NOT NULL,
  `birthday` date DEFAULT NULL,
  `nation` varchar(10) DEFAULT '汉',
  `subject` varchar(10) DEFAULT NULL,
  `classid` char(6) DEFAULT NULL,
  PRIMARY KEY (`sno`),
  KEY `classid` (`classid`),
  CONSTRAINT student_ibfk_1  FOREIGN KEY (`classid`) REFERENCES `class` (`classid`),
  CONSTRAINT `student_chk_1` CHECK (((`gender` = _utf8mb3'男') or (`gender` = _utf8mb3'女')))
) ENGINE=InnoDB DEFAULT CHARSET=utf8mb3
1 row in set (0.00 sec)
```

图 3-16　在 student 表的 classid 字段上添加外键约束

如果要删除该外键约束，执行如下命令即可：

ALTER TABLE student DROP FOREIGN KEY student_ibfk_1;

3. 添加 / 删除唯一键约束

语法格式：

ALTER TABLE 表名 ADD UNIQUE [KEY](字段名)|DROP KEY < 唯一键约束名 >

说明：这里的"唯一键约束名"就是字段名。

【例 3-16】　在 class 表的 classname 字段上定义 / 删除唯一键约束。

在 MySQL 命令客户端执行命令，结果如图 3-17 所示。

```
mysql> ALTER TABLE class ADD UNIQUE(classname);
Query OK, 0 rows affected (0.02 sec)
Records: 0  Duplicates: 0  Warnings: 0

mysql> SHOW CREATE TABLE class\G
*************************** 1. row ***************************
       Table: class
Create Table: CREATE TABLE `class` (
  `classid` char(6) NOT NULL,
  `classname` varchar(10) NOT NULL,
  `department` varchar(10) NOT NULL,
  PRIMARY KEY (`classid`),
  UNIQUE KEY `classname` (`classname`)
) ENGINE=InnoDB DEFAULT CHARSET=utf8mb3
1 row in set (0.00 sec)
```

图 3-17　在 class 表的 classname 字段上添加唯一键约束

如果要删除该唯一键约束，执行如下命令即可：

ALTER TABLE class DROP KEY classname;

4. 添加 / 删除检查约束

语法格式：

ALTER TABLE < 表名 > ADD CHECK(约束条件)|DROP CHECK < 检查约束名 >

【例 3-17】 在 study 表的 score 字段上定义检查约束，要求该字段值在 0～100 之间。

在 MySQL 命令客户端执行命令，结果如图 3-18 所示。

```
mysql> ALTER TABLE study ADD CHECK(score≥0 AND score≤100);
Query OK, 0 rows affected (0.04 sec)
Records: 0  Duplicates: 0  Warnings: 0

mysql> SHOW CREATE TABLE study\G
*************************** 1. row ***************************
       Table: study
Create Table: CREATE TABLE `study` (
  `sno` char(8) NOT NULL,
  `cno` char(5) NOT NULL,
  `score` float(4,1) DEFAULT NULL,
  PRIMARY KEY (`sno`,`cno`),
  KEY `cno` (`cno`),
  CONSTRAINT `study_ibfk_1` FOREIGN KEY (`sno`) REFERENCES `student` (`sno`),
  CONSTRAINT `study_ibfk_2` FOREIGN KEY (`cno`) REFERENCES `course` (`cno`),
  CONSTRAINT `study_chk_1` CHECK (((`score` ≥ 0) and (`score` ≤ 100)))
) ENGINE=InnoDB DEFAULT CHARSET=utf8mb3
1 row in set (0.00 sec)
```

图 3-18　在 study 表的 score 字段上添加检查约束

如果要删除该检查约束，执行如下命令即可：

ALTER TABLE study DROP CHECK study_chk_1;

5. 添加 / 删除默认值约束

语法格式：

ALTER TABLE < 表名 > MODIFY 字段名 类型 DEFAULT 默认值 | MODIFY 字段名 类型

【例 3-18】 在 student 表的 gender 字段上定义默认值"男"，然后删除该默认值。

在 MySQL 命令客户端执行命令，结果如图 3-19 所示。

```
mysql> ALTER TABLE student MODIFY gender char(1) DEFAULT '男';
Query OK, 0 rows affected (0.02 sec)
Records: 0  Duplicates: 0  Warnings: 0

mysql> DESCRIBE student;
+----------+-------------+------+-----+---------+-------+
| Field    | Type        | Null | Key | Default | Extra |
+----------+-------------+------+-----+---------+-------+
| sno      | char(8)     | NO   | PRI | NULL    |       |
| sname    | varchar(10) | NO   |     | NULL    |       |
| gender   | char(1)     | YES  |     | 男      |       |
| birthday | date        | YES  |     | NULL    |       |
| nation   | varchar(10) | YES  |     | 汉      |       |
| subject  | varchar(10) | YES  |     | NULL    |       |
| classid  | char(6)     | YES  | MUL | NULL    |       |
+----------+-------------+------+-----+---------+-------+
7 rows in set (0.00 sec)

mysql> ALTER TABLE student MODIFY gender char(1); #删除gender字段上的默认值
Query OK, 0 rows affected (0.02 sec)
Records: 0  Duplicates: 0  Warnings: 0
```

图 3-19　在 student 表的 gender 字段上添加和删除默认值约束

3.3.4　删除数据表

对于不再需要的数据表，可以使用 DROP TABLE 语句将其从数据库中删除。

语法格式：

> DROP TABLE [IF EXISTS] 表 1[, 表 2]···;

说明：

该命令可以删除单个表，也可以同时删除多个表，且被删除的表不可恢复。如果使用了 IF EXISTS 选项，则当表不存在时不会出现出错提示。

【例 3-19】　删除数据库 dbschool 中的表 c 和表 s。

命令如下：

> DROP TABLE c,s;
> DROP TABLE IF EXISTS s;

课 后 练 习

一、选择题

1. 下列关于主键的说法，错误的是（　　）。

A. 一个数据表中只能在一个字段上设置主键

B. 主键字段不能为空

C. 主键字段数值必须是唯一的

D. 删除主键只是删除了指定的主键约束，并不能删除字段

2. 若要在表 sc 中增加一列课程名 cname，可使用命令（　　）。

A. ADD TABLE sc [cname char(8)]

B. ADD TABLE sc ADD cname chart(8)

C. ALTER TABLE sc ADD cname chart(8)

D. ALTER TABLE sc [ADD cname chart(8)]

3. 参照完整性规则中，数据表的（　　）值必须关联另一个表的主键值。

A. 次关键字　　　　　　　　　B. 外关键字

C. 主关键字　　　　　　　　　D. 主属性

4. 不允许在数据表中出现重复记录的约束是通过（　　）实现的。

A. CHECK　　　　　　　　　　B. INTO 子句

C. FOREIGN KEY　　　　　　　D. PRIMARY KEY 或 UNIQUE

5. 如果要求购买图数量必须在 1～100 之间，可以通过（　　）约束来实现。

A. CHECK　　　　　　　　　　B. DEFAULT

C. UNIQUE　　　　　　　　　　D. PRIMARY KEY

二、填空题

1. 创建数据表使用 _____ 语句。

2. 可以使用 _____ 命令查看数据表结构。

3. 为数据表添加新字段时，如果要将其作为首字段可以使用 _____ 选项。

4. 在 MySQL 中，使用 _____ 值来表示一个字段值尚未确定或缺值。

5. 在 CREATE TABLE 语句中，使用 _____ 关键字来指定表的主键。

知识延伸

Linux 和 Windows 下的 MySQL 创建和管理数据表的操作是相似的，值得注意的是，MySQL 在 Linux 和 Windows 下对于数据库名、表名、列名以及别名的大小写处理可能有所不同。在 Linux 下，MySQL 通常区分大小写，这意味着在创建和管理表时需要特别注意名称的大小写。而在 Windows 下，MySQL 默认不区分大小写。

Linux、MySQL 和 Windows 是当前软件领域中备受关注的三大关键词，可从以下几点进行区别分析。

1. 部署与配置

在 Linux 上部署 MySQL 通常涉及更多的手动配置，如设置用户权限、管理文件路径等。这要求管理员对 Linux 系统有较深的理解。而在 Windows 上，安装程序通常提供了更直观的图形界面来引导用户完成配置过程，相对简单一些。

2. 集群与复制

在构建大型、高可用的数据库集群时，由于 Linux 的开源性质，它通常拥有更广泛的社区支持和更丰富的工具集来实现复杂的集群和复制配置。这些解决方案提供了高可用性、负载均衡和自动故障转移等功能，非常适合需要高性能和高可靠性的应用场景。相比之下，Windows 虽然也支持 MySQL 的集群和复制功能，但不如 Linux 那样灵活和易于配置。

3. 安全性考虑

Linux 因其稳定的内核和强大的权限管理功能，通常被认为是更为安全的操作系统。在 Linux 上，用户可以通过细致的权限设置、防火墙配置等工具来增强 MySQL 的安全性。Windows 操作系统由于其广泛的用户基础和复杂的系统架构，可能更容易成为攻击者的目标。因此，在 Windows 上运行 MySQL 时，需要特别关注安全更新、补丁安装和权限管理等方面。

4. 虚拟化与容器化

随着云计算和容器化技术的兴起，虚拟化和容器化在数据库管理中扮演着越来越重要的角色。Linux 作为开源操作系统,与虚拟化技术 (如 KVM) 和容器化技术 (如 Docker 等) 的结合更为紧密。这使得在 Linux 上部署和管理 MySQL 数据库更加灵活和高效,可以轻松地实现数据库的自动化部署、扩展和管理。

5. 成本与许可

在成本和许可方面,Linux 和 Windows 也存在差异。Linux 作为开源操作系统,通常是免费的,用户可以自由地使用、修改和分发。这使得 Linux 成为许多预算有限的用户和小型企业的首选。相比之下,Windows 操作系统需要购买许可证,这增加了使用 Windows 作为 MySQL 服务器平台的总体成本。

在确保 Linux 系统安装了 MySQL 后,使用命令行工具连接到 MySQL 服务器。在 Linux 操作系统下,创建和管理 MySQL 的表是一个常见的任务。下面是一个关于在 Linux 中创建和管理 MySQL 表的详细步骤:

(1) 创建新的数据库。在 MySQL 提示符下,执行以下命令来创建一个新的数据库:

```
CREATE DATABASE your_new_database;
```

(2) 选择数据库。在创建数据表之前,需要选择你要操作的数据库:

```
USE your_new_database;
```

(3) 定义并创建数据表。定义并创建数据表的相关命令如下:

```
CREATE TABLE users (
    id INT AUTO_INCREMENT PRIMARY KEY,
    username VARCHAR(50) NOT NULL,
    password VARCHAR(255) NOT NULL,
    email VARCHAR(100) UNIQUE NOT NULL,
    created_at TIMESTAMP DEFAULT CURRENT_TIMESTAMP
);
```

在这个例子中,创建了一个名为 users 的表,包含 id、username、password、email 和 created_at 字段。

(4) 查看数据表结构。使用 DESCRIBE 命令来查看表的字段结构:

```
DESCRIBE users;
```

(5) 向数据表中插入数据。向数据表中插入数据的相关命令如下:

```
INSERT INTO users (username, password, email) VALUES ('alice', 'password123', 'alice@example.com');
```

(6) 查询数据表中的数据。查询数据表中的数据的相关命令如下:

```
SELECT * FROM users;
```

(7) 更新数据表中的数据。更新数据表中的数据的相关命令如下:

```
UPDATE users SET email = 'alice@newdomain.com' WHERE id = 1;
```

(8) 删除数据表中的数据。删除数据表中的数据的相关命令如下:

```
DELETE FROM users WHERE id = 1;
```

(9) 删除整个数据表。如果你想要删除整个数据表及其所有数据,可以使用 DROP TABLE

语句：

```
DROP TABLE users;
```

DROP TABLE 命令会永久删除整个数据表，包括其中的所有数据，所以在执行前务必确认。

(10) 退出 MySQL。完成所有操作后，输入 exit 或按 Ctrl + D 键退出 MySQL 提示符。

以上就是在 Linux 下使用 MySQL 创建和管理数据表的基本步骤。在实际应用中，可根据实际需求创建适当的数据表和字段，并合理设计数据表之间的关系和约束。

项目 4
数 据 操 作

素质目标

- 具有认真严谨的学习态度;
- 具备用不同方法解决数据问题的探索精神。

知识目标

- 深入理解并熟练运用 MySQL 中的运算符规则,确保查询与操作的准确性;
- 全面掌握 MySQL 中常用的内置函数,能够灵活运用这些函数进行数据分析和处理;
- 精通使用 MySQL 的 INSERT、DELETE 与 UPDATE 命令,实现对数据的准确添加、删除与修改操作。

能力目标

- 能够熟练运用各类运算符进行精确计算;
- 能够灵活运用不同内置函数,有效解决各类实际问题;
- 能够娴熟使用 INSERT、DELETE、UPDATE 等命令,实现对数据表中数据的增加、删除与修改操作。

▶ **案例导入**

在"学生成绩管理系统"的开发过程中，构建并设置相关表格是至关重要的一步。一旦这些表格建立，就需要考虑如何有效地管理和操作这些数据。

在"学生成绩管理系统"中，学生信息、课程信息、成绩记录等数据都需要输入到相应的表格中。这些数据输入后，系统会自动保存，供后续查询和分析使用。同时，在"学生成绩管理系统"中，用户可以通过特定的界面或操作，对已有的数据进行修改。比如，学生的个人信息发生了变化，或者某门课程的成绩需要重新录入，都可以通过修改功能来实现。

除了数据的修改，删除功能也是数据库中不可或缺的一部分。在"学生成绩管理系统"中，随着时间的推移，有些数据可能不再需要保留，比如已经毕业的学生信息或者已经结束的课程记录。这时，就需要利用删除功能来清理这些数据。

在 MySQL 中，可以通过构建 SQL 语句来实现这些条件。比如，可以使用 WHERE 子句来指定筛选条件，或者使用 LIMIT 子句来限制操作的数据范围。通过这些表达式的灵活组合，可以实现对数据的精确控制和高效管理。

任务 4.1　MySQL 运算符和表达式

运算符是一种符号，用来指定表达式中执行的操作。表达式是指使用运算符将常量、变量、函数和表中的字段连接起来形成的式子。

在 MySQL 中，运算符主要有算术运算符、比较运算符、逻辑运算符。在 MySQL 命令行的"mysql>"提示符下执行 help+ 运算符，可以获得该运算符的应用说明和官网文档的访问地址。

4.1.1　算术运算符和算术表达式

算术运算符用于执行各类数值运算，由算术运算符连接操作数组成的表达式是算术表达式。常用的算术运算符如表 4-1 所示。

表 4-1　算 术 运 算 符

运算符	描　述
+	加法运算
−	减法运算
*	乘法运算
/(DIV)	除法运算，返回商
%(MOD)	求余运算，返回余数

说明：

(1) 算术运算符有优先级，乘、除、求余运算优先于加减运算。

(2) 当算术表达式中数据类型不一致时，系统自动完成数据类型转换。

(3) 字符型和数值型数据运算时，字符型数据将转换成数值，不含数字的字符视为 0；整型和浮点型数据运算时，整型数据转换为浮点型数据。

(4) 在除法运算中，若除数为 0，则返回空值 (NULL)。

(5) 求余数时，如果被除数包含小数，则小数点后的数字直接作为余数。

【例 4-1】 算术运算符的使用如图 4-1 所示。

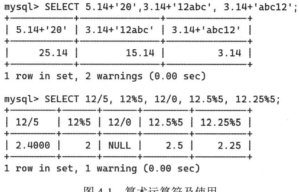

图 4-1　算术运算符及使用

4.1.2 比较运算符和关系表达式

比较运算符是查询数据时最常用的一类。由比较运算符连接操作数组成的表达式是关系表达式，执行的是比较运算，其结果总是真 (用 1 表示) 或假 (用 0 表示) 或 NULL。

MySQL 中常用的比较运算符如表 4-2 所示。

表 4-2　MySQL 中常用的比较运算符

运 算 符	描　　述
=	等于
<=>	安全等于
<>/(!=)	不等于
<=	小于等于
>=	大于等于
>	大于
IS NULL	字段是否为 NULL
IS NOT NULL	字段是否不为 NULL
BETWEEN…AND…	是否在某个闭区间，适用于数值型、日期时间型等
[NOT] IN	是否在 / 不在集合中
like	匹配……格式，通常和通配符 "%" 和 "_" 配合使用 "%" 表示 0 个或任意个字符，"_" 表示单个字符

说明：

(1) "=" 用来判断数字、字符串和表达式是否相等。如果相等，返回 1，否则返回 0。

(2) "<=>" 和 "=" 不同之处在于，"<=>" 可以用来判断 NULL 值，当两个操作数均为 NULL 时，返回 1，而当一个操作数为 NULL 时返回 0。

(3) 字符串是逐个字符比较大小的。

(4) 日期时间型数据在比较大小时，越晚的日期时间越大。

(5) MySQL 8.0 对字符默认不区分大小写。

【例 4-2】 比较运算符的使用如图 4-2 所示。

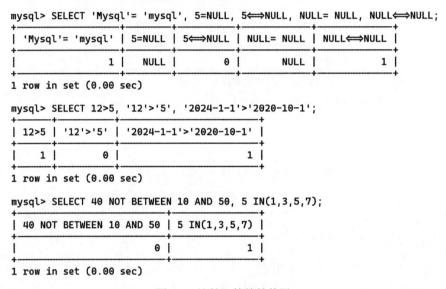

图 4-2   比较运算符的使用

4.1.3　逻辑运算符和逻辑表达式

逻辑运算符又称为布尔运算符。逻辑表达式是有逻辑运算符参与运算的表达式，用于对操作数进行逻辑运算，返回值为 1、0 或 NULL。常用的逻辑运算符如表 4-3 所示。

表 4-3　常用的逻辑运算符

运算符	描　　述
非 (NOT)	单目运算符。运算规则：真为假，假为真
与 (AND)	双目运算符。运算规则：全真为真，有假即假
或 (OR)	双目运算符。运算规则：全假为假，有真即真

说明：

(1) 逻辑运算符有优先级，NOT 最高，OR 最低。

(2) 当逻辑表达式中出现 NULL 值时，NOT NULL 返回 NULL，含有 AND 或 OR 运算符的表达式值则由另一个操作数的值决定。

【例 4-3】 逻辑运算符的使用如图 4-3 所示。

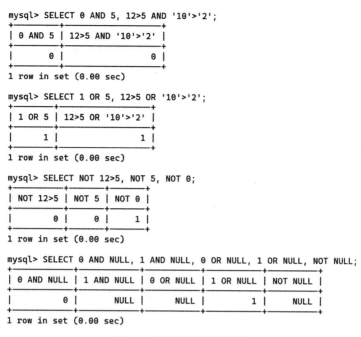

图 4-3　逻辑运算符的使用

4.1.4　运算符优先级

当一个表达式中包含多种运算符时，表达式执行运算的先后顺序取决于运算符的优先级。运算符优先级如表 4-4 所示，按照优先级由高到低的顺序排列。

表 4-4　运算符优先级

优先级	运算符
1	（）
2	*、/、%
3	+、-
4	比较运算符
5	NOT
6	AND
7	OR

任务 4.2　MySQL 内置函数

MySQL 提供了丰富的内置函数，可以帮助开发人员更加简单快捷地编写 SQL 语句，有效提高工作效率。常用的内置函数有数学函数、日期时间函数、字符串函数等。

4.2.1　数学函数

数值函数用于处理数值型数据。表 4-5 列出了部分常用的数学函数。

表 4-5　部分常用的数学函数

函　　数	功　　能
ABS(x)	返回 x 的绝对值
CEIL(x)/ CEILING(x)	返回大于或等于 x 的最小整数，即向上取整
FLOOR(x)	返回小于或等于 x 的最大整数，即向下取整
GREATEST(expr1,expr2,expr3,…)	返回列表中的最大值
LEAST(exprl,expr2,expr3,…)	返回列表中的最小值
POWER(x,y)	返回 x 的 y 次方
SQRT(x)	返回 x 的算术平方根
RAND()	返回 0 到 1 的随机 float 数
ROUND(x)	返回离 x 最近的整数
ROUND(x,y)	返回离 x 最近的值 , 保留小数位数 y 位
TRUNCATE(x,y)	对数值 x 进行截取，保留小数点后 y 位数字

【例 4-4】　数学函数的使用如图 4-4 所示。

```
mysql> SELECT GREATEST(2,3,56), LEAST(2,3,56), POWER(2,10), SQRT(16);
+------------------+---------------+-------------+----------+
| GREATEST(2,3,56) | LEAST(2,3,56) | POWER(2,10) | SQRT(16) |
+------------------+---------------+-------------+----------+
|               56 |             2 |        1024 |        4 |
+------------------+---------------+-------------+----------+
1 row in set (0.00 sec)

mysql> SELECT CEILING(3.564), CEIL(-3.89), FLOOR(3.564), FLOOR(-3.89);
+----------------+-------------+--------------+--------------+
| CEILING(3.564) | CEIL(-3.89) | FLOOR(3.564) | FLOOR(-3.89) |
+----------------+-------------+--------------+--------------+
|              4 |          -3 |            3 |           -4 |
+----------------+-------------+--------------+--------------+
1 row in set (0.00 sec)

mysql> SELECT ROUND(3.89), ROUND(4.35) ,ROUND(3.89,1), TRUNCATE(3.89,1);
+-------------+-------------+--------------+------------------+
| ROUND(3.89) | ROUND(4.35) | ROUND(3.89,1) | TRUNCATE(3.89,1) |
+-------------+-------------+--------------+------------------+
|           4 |           4 |          3.9 |              3.8 |
+-------------+-------------+--------------+------------------+
1 row in set (0.00 sec)
```

图 4-4　数学函数的使用

从执行结果可以看到，TRUNCATE(x,y) 和 ROUND(x,y) 的区别在于 TRUNCATE() 仅仅是截断，而不进行四舍五入。

4.2.2　日期与时间函数

日期与时间函数主要用来处理日期和时间的值，一般的日期函数可以使用 DATE 类型作为参数，还可以使用 DATETIME 或 TIMESTAMP 类型作参数，只是忽略了这些类型值的时间部分。表 4-6 列出了 MySQL 中常用的日期与时间函数及其功能。

表 4-6 MySQL 中常用的日期与时间函数及其功能

函 数	功 能
NOW()	以 YYYY-MM-DD HH:MM:SS 格式返回当前的日期时间
CURRENT_TIMESTAMP()	以 YYYY-MM-DD HH:MM:SS 格式返回当前的日期时间
CURDATE()/CURRENT_DATE()	以 YYYY-MM-DD 格式返回当前日期
CURTIME()/CURRENT_TIME()	以 HH:MM:SS 格式返回当前时间
ADDDATE(d,n)	计算起始日期 d 加上 n 天的日期
ADDT1ME(t,n)	时间 t 加上 n 秒的时间
DATEDIFF(dl,d2)	计算日期 d1—d2 之间相隔的天数 (d1＞d2)
DATE_ADD(d,INTERVAL expr type)	在日期上加指定的时间间隔，type 可以是 year、month、day、week、hour 等。如 DATE_ADD(d1,INTERVAL 1 year) 就是计算对日期 d1 向后推算 1 年后的日期
DATE_SUB(date,INTERVAL expr type)	在日期上减去指定的时间间隔，type 含义同 DATE_ADD()
YEAR(d)	返回日期 d 的年份
MONTH(d)	返回日期 d 的月份
MONTHNAME(d)	以字符串格式返回日期 d 的月份
DAY(d)	返回日期 d 的日期
DAYNAME(d)	返回日期 d 是星期几，如 Monday
DAYOFMONTH(d)	计算日期 d 是本月的第几天
DAYOFWEEK(d)	返回日期 d 是星期几，1 星期日，2 星期一，以此类推
DAYOFYEAR(d)	计算日期 d 是本年的第几天

【例 4-5】 日期与时间函数的使用如图 4-5 所示。

```
mysql> SELECT CURDATE(), CURRENT_DATE(), CURTIME(), CURRENT_TIME();
+------------+----------------+-----------+----------------+
| CURDATE()  | CURRENT_DATE() | CURTIME() | CURRENT_TIME() |
+------------+----------------+-----------+----------------+
| 2024-08-29 | 2024-08-29     | 11:15:15  | 11:15:15       |
+------------+----------------+-----------+----------------+
1 row in set (0.00 sec)

mysql> SELECT MONTHNAME(NOW()), DAYNAME(CURDATE());
+------------------+--------------------+
| MONTHNAME(NOW()) | DAYNAME(CURDATE()) |
+------------------+--------------------+
| August           | Thursday           |
+------------------+--------------------+
1 row in set (0.00 sec)

mysql> SELECT MONTHNAME('2023-10-25'), DAYNAME('2024-5-21');
+-------------------------+----------------------+
| MONTHNAME('2023-10-25') | DAYNAME('2024-5-21') |
+-------------------------+----------------------+
| October                 | Tuesday              |
+-------------------------+----------------------+
1 row in set (0.00 sec)

mysql> SELECT DATEDIFF('2024-5-21', '2023-10-25'), ADDDATE('2024-5-21',20);
+-------------------------------------+-------------------------+
| DATEDIFF('2024-5-21', '2023-10-25') | ADDDATE('2024-5-21',20) |
+-------------------------------------+-------------------------+
|                                 209 | 2024-06-10              |
+-------------------------------------+-------------------------+
1 row in set (0.00 sec)
```

图 4-5 日期与时间函数的使用

4.2.3　字符串函数

字符串函数主要用来处理字符串类型的数据。字符串函数中包含的字符串必须要用英文半角单引号或双引号括起来。表 4-7 列出了 MySQL 中常用的字符串函数及其功能。

表 4-7　MySQL 中常用的字符串函数及其功能

函　数	功　能
LENGTH(s)	返回字符串占用的字节数
CHAR_LENGTH(s)	返回字符串 s 的字符个数
REVERSE(str)	反转字符串
LOCATE(sl,s)	从字符串 s 中获取 s1 第 1 个字符的开始位置，从 1 开始计数
CONCAT(sl,s2,…)	字符串 s1,s2 等多个字符串合并为一个字符串
REPEAT(str,n)	返回字符串 str 重复 n 次的结果
REPLACE(str,s1,s2)	用字符串 s2 替换字符串 str 中的字符串 s1
LEFT(str,n)	返回字符串 str 最左边的 n 个字符
RIGHT(str,n)	返回字符串 str 最右边的 n 个字符
SUMSTRING(str,m,n)	返回字符串 str 从左边第 m 个字符开始的 n 个字符
LOWER(str)	将字符串 str 的所有字母变成小写字母
UPPER(str)	将字符串 str 中的字母全部转换为大写
STRCMP(s1,s2)	比较字符串 s1 和 s2，相等返回 0，若 str1<str2 返回 −1，否则返回 1；不区分大小写

【例 4-6】　字符串函数的使用如图 4-6 所示。

```
mysql> SELECT REPEAT('abc',3), LENGTH('陕西'), CHAR_LENGTH('陕西');
+-----------------+-----------------+----------------------+
| REPEAT('abc',3) | LENGTH('陕西')  | CHAR_LENGTH('陕西')  |
+-----------------+-----------------+----------------------+
| abcabcabc       |               6 |                    2 |
+-----------------+-----------------+----------------------+
1 row in set (0.00 sec)

mysql> SELECT LEFT('数据库技术与应用',3), RIGHT('数据库技术与应用',2);
+-----------------------------+-----------------------------+
| LEFT('数据库技术与应用',3)  | RIGHT('数据库技术与应用',2) |
+-----------------------------+-----------------------------+
| 数据库                      | 应用                        |
+-----------------------------+-----------------------------+
1 row in set (0.00 sec)

mysql> SELECT SUBSTRING('MySQL数据库技术',6,3), CONCAT('MySQL', '数据库技术');
+----------------------------------+--------------------------------+
| SUBSTRING('MySQL数据库技术',6,3) | CONCAT('MySQL', '数据库技术')  |
+----------------------------------+--------------------------------+
| 数据库                           | MySQL数据库技术                |
+----------------------------------+--------------------------------+
1 row in set (0.00 sec)

mysql> SELECT REVERSE('数据库技术'), REPLACE('信息技术', '信息', '数据库');
+-----------------------+----------------------------------------+
| REVERSE('数据库技术') | REPLACE('信息技术', '信息', '数据库')  |
+-----------------------+----------------------------------------+
| 术技库据数            | 数据库技术                             |
+-----------------------+----------------------------------------+
1 row in set (0.00 sec)

mysql> SELECT STRCMP('ABCD', 'ABBC'), STRCMP('ABCD', 'abcd'), STRCMP('AB', 'ba');
+------------------------+------------------------+--------------------+
| STRCMP('ABCD', 'ABBC') | STRCMP('ABCD', 'abcd') | STRCMP('AB', 'ba') |
+------------------------+------------------------+--------------------+
|                      1 |                      0 |                 -1 |
+------------------------+------------------------+--------------------+
1 row in set (0.00 sec)
```

图 4-6　字符串函数的使用

任务 4.3 插入数据表数据

插入表数据

创建好数据库和数据表后，下一步就需要向表中插入数据。可以使用 INSERT 命令向表中插入一行或多行数据。

在进行数据操作前，必须要使用 USE 命令打开表所在的数据库。下面所有的操作均是在项目二创建的数据库 dbschool 中完成的，相关表的数据可在项目 3 中查阅。

4.3.1 插入单条记录

1. 插入全部字段值

语法格式：

> INSERT INTO 表名 [(字段名列表)] VALUES(字段值列表)

说明：

(1) (字段名列表) 可以省略，VALUES 子句中的字段值必须和各字段名一一对应。

(2) 字段值类型要与对应字段的数据类型一致。若字段为字符串类型和日期类型，插入的字段值必须用英文半角单引号或双引号括起来。

(3) 如果某个字段值为空，其值必须设置为 null 或 NULL，否则会出错。

(4) 命令中所有符号均为英文半角符号。

(5) 一定要遵守表的相关约束输入数据，如主键约束、检查约束、外键约束等。尤其当两表之间存在主外键约束关系时，必须要先输入主表内容，再输入从表内容。如 class 表和 student 表，要先输入主键所在 class 表的内容，然后才能输入外键所在 student 表的内容。

【例 4-7】 在命令行方式下，采用保留字段名向数据库 dbschool 中的班级表 class 插入第 1 条记录的全部内容，采用省略字段名方式插入第 2～5 条记录的全部内容。

本例操作命令如下：

```
USE dbschool
INSERT INTO class(classid,classname,department)
VALUES('211101','21 大数据与会计 1 班 ',' 会计学院 ');
INSERT INTO class VALUES('221101','22 大数据与会计 1 班 ',' 会计学院 ');
INSERT INTO class VALUES('211201','21 会计信息管理 1 班 ',' 会计学院 ');
INSERT INTO class VALUES('221301','22 大数据与财管 1 班 ',' 会计学院 ');
INSERT INTO class VALUES('221302','22 大数据与财管 2 班 ',' 会计学院 ');
SELECT * FROM class;
```

命令执行结果如图 4-7 所示。

使用 "SELECT * FROM 表名" 命令可以查看数据插入是否成功。该命令的详细用法将在项目 5 中介绍。

```
mysql> USE dbschool
Database changed
mysql> INSERT INTO class(classid,classname,department)
    → VALUES('211101','21大数据与会计1班','会计学院');
Query OK, 1 row affected (0.01 sec)

mysql> INSERT INTO class VALUES('221101','22大数据与会计1班','会计学院');
Query OK, 1 row affected (0.00 sec)

mysql> INSERT INTO class VALUES('211201','21会计信息管理1班','会计学院');
Query OK, 1 row affected (0.00 sec)

mysql> INSERT INTO class VALUES('221301','22大数据与财管1班','会计学院');
Query OK, 1 row affected (0.00 sec)

mysql> INSERT INTO class VALUES('221302','22大数据与财管2班','会计学院');
Query OK, 1 row affected (0.00 sec)

mysql> SELECT * FROM class;
+---------+-------------------+--------------+
| classid | classname         | department   |
+---------+-------------------+--------------+
| 211101  | 21大数据与会计1班  | 会计学院      |
| 211201  | 21会计信息管理1班  | 会计学院      |
| 221101  | 22大数据与会计1班  | 会计学院      |
| 221301  | 22大数据与财管1班  | 会计学院      |
| 221302  | 22大数据与财管2班  | 会计学院      |
+---------+-------------------+--------------+
5 rows in set (0.00 sec)
```

图 4-7　向 class 表中插入 5 条完整记录

按照同样的方法完成 class 表中其他记录的输入，然后在 student 表中插入前 14 条记录的全部内容。

【例 4-8】　向 course 表中插入前 11 条记录的全部内容。

命令及执行结果如图 4-8 所示。

对表中字段值为空或者某字段设置有默认值的情况，还可以采用插入部分字段内容来完成数据的插入。

```
mysql> INSERT INTO course VALUES('01001', '经济数学', 48, 3, '1');
Query OK, 1 row affected (0.01 sec)

mysql> INSERT INTO course VALUES('01002', '大学英语', 64, 4, '1');
Query OK, 1 row affected (0.00 sec)

mysql> INSERT INTO course VALUES('01003', '国学经典', 32, 2, '4');
Query OK, 1 row affected (0.00 sec)

mysql> INSERT INTO course VALUES('01004', '思想道德与法治', 64, 4, '2');
Query OK, 1 row affected (0.00 sec)

mysql> INSERT INTO course VALUES('11001', '基础会计', 64, 4, '1');
Query OK, 1 row affected (0.00 sec)

mysql> INSERT INTO course VALUES('11002', '财务会计', 64, 4, '2');
Query OK, 1 row affected (0.00 sec)

mysql> INSERT INTO course VALUES('11003', '财务管理', NULL, NULL, NULL);
Query OK, 1 row affected (0.00 sec)

mysql> INSERT INTO course VALUES('11004', '成本会计', 64, 4, '4');
Query OK, 1 row affected (0.00 sec)

mysql> INSERT INTO course VALUES('21001', '计算机网络', 64, 4, '1');
Query OK, 1 row affected (0.00 sec)

mysql> INSERT INTO course VALUES('21002', 'Java程序设计', 64, 4, NULL);
Query OK, 1 row affected (0.00 sec)

mysql> INSERT INTO course VALUES('21003', 'Linux操作系统', 64, 4, '2');
Query OK, 1 row affected (0.00 sec)
```

```
mysql> SELECT * FROM course;
+-------+-----------------+--------+--------+------+
| cno   | cname           | period | credit | term |
+-------+-----------------+--------+--------+------+
| 01001 | 经济数学        |     48 |      3 |    1 |
| 01002 | 大学英语        |     64 |      4 |    1 |
| 01003 | 国学经典        |     32 |      2 |    4 |
| 01004 | 思想道德与法治  |     64 |      4 |    2 |
| 11001 | 基础会计        |     64 |      4 |    1 |
| 11002 | 财务会计        |     64 |      4 |    2 |
| 11003 | 财务管理        |   NULL |   NULL | NULL |
| 11004 | 成本会计        |     64 |      4 |    4 |
| 21001 | 计算机网络      |     64 |      4 |    1 |
| 21002 | Java程序设计    |     64 |      4 | NULL |
| 21003 | Linux操作系统   |     64 |      4 |    2 |
+-------+-----------------+--------+--------+------+
11 rows in set (0.00 sec)
```

图 4-8　查看 course 中添加 11 条记录的全部内容

2. 插入部分字段内容

语法格式：

> INSERT INTO 表名 (字段名列表) VALUES(字段值列表)

或者

> INSERT INTO 表名 SET 字段名 1= 值 1, 字段名 1= 值 2,…

说明：

字段值与字段名要一一对应。

【例 4-9】　向 student 表插入姓名为"吴鑫"和"孙月茹"2 条记录的内容，民族字段 nation 由默认值自动填入。

> INSERT INTO student (sno,sname,gender,birthday,subject,classid)
>
> VALUES('22320401',' 吴鑫 ',' 男 ','2004-2-2',' 空中乘务 ','223204');
>
> INSERT INTO student (sno,sname,gender,birthday,subject,classid)
>
> VALUES('22420101',' 孙月茹 ',' 女 ','2004-6-29',' 金融科技应用 ','224201');
>
> SELECT * FROM student;

命令及执行结果如图 4-9 所示。

```
mysql> INSERT INTO student (sno,sname,gender,birthday,subject,classid)
    -> VALUES('22320401','吴鑫','男','2004-2-2','空中乘务','223204');
Query OK, 1 row affected (0.02 sec)

mysql> INSERT INTO student (sno,sname,gender,birthday,subject,classid)
    -> VALUES('22420101','孙月茹','女','2004-6-29','金融科技应用','224201');
Query OK, 1 row affected (0.00 sec)

mysql> SELECT * FROM student;
+----------+--------+--------+------------+--------+----------------------+---------+
| sno      | sname  | gender | birthday   | nation | subject              | classid |
+----------+--------+--------+------------+--------+----------------------+---------+
| 21110101 | 张宇飞 | 女     | 2002-01-14 | 汉     | 大数据与会计         | 211101  |
| 21110102 | 吴昊天 | 男     | 2002-03-17 | 汉     | 大数据与会计         | 211101  |
| 21120101 | 江山   | 女     | 2002-08-30 | 回     | 会计信息管理         | 211201  |
| 21211001 | 李明   | 男     | 2001-12-24 | 汉     | 大数据技术           | 212110  |
| 21220101 | 章炯   | 女     | 2001-11-10 | 壮     | 人工智能技术应用     | 212201  |
| 21320201 | 张晓英 | 女     | 2002-02-08 | 汉     | 跨境电子商务         | 213202  |
| 21450101 | 刘家林 | 男     | 2002-05-18 | 汉     | 工程造价             | 214501  |
| 22110101 | 李丽   | 女     | 2004-02-23 | 侗     | 大数据与会计         | 221101  |
| 22110102 | 夏子怡 | 女     | 2003-12-06 | 汉     | 大数据与会计         | 221101  |
| 22130201 | 林涛   | 男     | 2003-11-28 | 汉     | 大数据与财务管理     | 221302  |
| 22210101 | 张开琪 | 女     | 2003-09-27 | 汉     | 大数据技术           | 222101  |
| 22230101 | 王一博 | 男     | 2003-11-16 | 回     | 计算机应用技术       | 222301  |
| 22250101 | 郭志坚 | 男     | 2004-04-05 | 汉     | 数字媒体             | 222503  |
| 22320401 | 吴鑫   | 男     | 2004-02-02 | 汉     | 空中乘务             | 223204  |
| 22330101 | 王小辉 | 男     | 2004-03-20 | 傣     | 物流管理             | 223301  |
| 22420101 | 孙月茹 | 女     | 2004-06-29 | 汉     | 金融科技应用         | 224201  |
+----------+--------+--------+------------+--------+----------------------+---------+
16 rows in set (0.00 sec)
```

图 4-9　向 student 表插入记录时自动填入默认值

【例 4-10】 采用插入部分字段内容的两种方法向 course 表插入课程名为"数据库基础""平面设计"和"Python 数据分析" 3 门课程的内容。

命令及执行结果如图 4-10 所示。

```
mysql> INSERT INTO course SET cno='21004',cname='数据库基础';
Query OK, 1 row affected (0.01 sec)

mysql> INSERT INTO course(cno,cname,period,credit) VALUES('21005', '平面设计', 64, 4);
Query OK, 1 row affected (0.00 sec)

mysql> INSERT INTO course(cno,cname,period,credit) VALUES('21006', 'Python数据分析', 64, 4);
Query OK, 1 row affected (0.00 sec)

mysql> SELECT * FROM course;
+-------+----------------+--------+--------+------+
| cno   | cname          | period | credit | term |
+-------+----------------+--------+--------+------+
| 01001 | 经济数学       |     48 |      3 | 1    |
| 01002 | 大学英语       |     64 |      4 | 1    |
| 01003 | 国学经典       |     32 |      2 | 4    |
| 01004 | 思想道德与法治 |     64 |      4 | 2    |
| 11001 | 基础会计       |     64 |      4 | 1    |
| 11002 | 财务会计       |     64 |      4 | 2    |
| 11003 | 财务管理       |   NULL |   NULL | NULL |
| 11004 | 成本会计       |     64 |      4 | 4    |
| 21001 | 计算机网络     |     64 |      4 | 1    |
| 21002 | Java程序设计    |     64 |      4 | NULL |
| 21003 | Linux操作系统   |     64 |      4 | 2    |
| 21004 | 数据库基础     |   NULL |   NULL | NULL |
| 21005 | 平面设计       |     64 |      4 | NULL |
| 21006 | Python数据分析  |     64 |      4 | NULL |
+-------+----------------+--------+--------+------+
14 rows in set (0.00 sec)
```

图 4-10   向 course 表插入记录的部分字段值

采用合适的方法向 course 表插入剩余的所有记录。

4.3.2   同时插入多条记录内容

MySQL 允许使用 INSERT 命令一次性向表中插入多条记录。批量插入数据，效率更高。语法格式：

INSERT INTO 表名 [(字段名列表)] VALUES(值列表 1),(值列表 2),…

【例 4-11】 不省略表字段名，使用一条 INSERT 命令向 study 表中插入前 6 条记录。

命令及执行结果如图 4-11 所示。

```
mysql> SELECT * FROM study;
Empty set (0.00 sec)

mysql> INSERT INTO study(sno,cno,score)
    → VALUES('21110101', '11003',80),('21110101', '11004',66),
    → ('21110102', '11003',52),('21110102', '11004',85),
    → ('21120101', '11003',73),('21120101', '21004',88);
Query OK, 6 rows affected (0.01 sec)
Records: 6  Duplicates: 0  Warnings: 0

mysql> SELECT * FROM study;
+----------+-------+-------+
| sno      | cno   | score |
+----------+-------+-------+
| 21110101 | 11003 |  80.0 |
| 21110101 | 11004 |  66.0 |
| 21110102 | 11003 |  52.0 |
| 21110102 | 11004 |  85.0 |
| 21120101 | 11003 |  73.0 |
| 21120101 | 21004 |  88.0 |
+----------+-------+-------+
6 rows in set (0.00 sec)
```

图 4-11   使用一条 INSERT 命令向 study 表中插入 6 条记录 (不省略字段名)

【例 4-12】　省略表字段名，使用一条 INSERT 命令向 study 表中插入前 6 条记录内容。命令及执行结果如图 4-12 所示。

```
mysql> INSERT INTO study
    → VALUES('21211001', '21002',62),('21211001', '21003',77),
    → ('21211001', '21004',82),('21211001', '21006',78),
    → ('21220101', '21004',72),('21220101', '21003',71);
Query OK, 6 rows affected (0.01 sec)
Records: 6  Duplicates: 0  Warnings: 0

mysql> SELECT * FROM study;
+----------+-------+-------+
| sno      | cno   | score |
+----------+-------+-------+
| 21110101 | 11003 |  80.0 |
| 21110101 | 11004 |  66.0 |
| 21110102 | 11003 |  52.0 |
| 21110102 | 11004 |  85.0 |
| 21120101 | 11003 |  73.0 |
| 21120101 | 21004 |  88.0 |
| 21211001 | 21002 |  62.0 |
| 21211001 | 21003 |  77.0 |
| 21211001 | 21004 |  82.0 |
| 21211001 | 21006 |  78.0 |
| 21220101 | 21003 |  71.0 |
| 21220101 | 21004 |  72.0 |
+----------+-------+-------+
12 rows in set (0.00 sec)
```

图 4-12　使用一条 INSERT 命令向 study 表中插入 6 条记录 (省略字段名)

通过上述方法输入 study 表中的其他记录。

任务 4.4　修改数据表数据

更新表数据

在实际应用中，用户可能在最初输入数据表数据时出错，也可能随着时间的推移数据表中数据需要更新，此时就需要对表中数据进行修改。

修改表数据使用 UPDATE 语句，其可以对单表或多个表中的数据进行修改。

为了保护数据库中的源数据，修改表数据和删除表数据操作均使用相关表的副本完成。

4.4.1　单表数据修改

语法格式：

> UPDATE 表名 SET 字段名 1= 表达式 1[, 字段名 2= 表达式 2,…][WHERE 条件表达式]

说明：

(1) SET 短语是对指定的字段按满足 WHERE 子句中的条件表达式进行修改，可以同时对多个字段的值进行修改，它们之间用英文半角逗号分隔。

(2) 省略 WHERE 子句时，此语句可修改表中所有记录的指定字段值。

(3) 表达式可以是常量、变量、函数或表达式。

(4) 更新后的数据不能违背原表的相关约束条件。

(5) 一般情况下，不建议修改主键的值，特别是被从表引用的主键值。

1. 修改数据表中的全部数据

【例 4-13】 对 student 表进行复制，副本表名为 s。将 s 表中所有学生的民族字段的内容在原来的数据后加上"族"字。

复制 student 表，得到副本表 s。

```
CREATE TABLE s AS SELECT * FROM student;
```

对 s 表中所有学生的民族字段值进行修改。

```
UPDATE s SET nation=CONCAT(nation,' 族 ');
```

命令及执行结果如图 4-13 所示。

```
mysql> CREATE TABLE s AS SELECT * FROM student;
Query OK, 16 rows affected (0.01 sec)
Records: 16  Duplicates: 0  Warnings: 0

mysql> UPDATE s SET nation=CONCAT(nation,'族 ');
Query OK, 16 rows affected (0.01 sec)
Rows matched: 16  Changed: 16  Warnings: 0

mysql> SELECT * FROM s;
+----------+--------+--------+------------+--------+--------------------+---------+
| sno      | sname  | gender | birthday   | nation | subject            | classid |
+----------+--------+--------+------------+--------+--------------------+---------+
| 21110101 | 张宇飞 | 女     | 2002-01-14 | 汉族   | 大数据与会计       | 211101  |
| 21110102 | 吴昊天 | 男     | 2002-03-17 | 汉族   | 大数据与会计       | 211101  |
| 21120101 | 江山   | 女     | 2002-08-30 | 回族   | 会计信息管理       | 211201  |
| 21211001 | 李明   | 男     | 2001-12-24 | 汉族   | 大数据技术         | 212110  |
| 21220101 | 章炯   | 女     | 2001-11-10 | 壮族   | 人工智能技术应用   | 212201  |
| 21320201 | 张晓英 | 女     | 2002-02-08 | 汉族   | 跨境电子商务       | 213202  |
| 21450101 | 刘家林 | 男     | 2002-05-18 | 汉族   | 工程造价           | 214501  |
| 22110101 | 李丽   | 女     | 2004-02-23 | 侗族   | 大数据与会计       | 221101  |
| 22110102 | 夏子怡 | 女     | 2003-12-06 | 汉族   | 大数据与会计       | 221101  |
| 22130201 | 林涛   | 男     | 2003-11-28 | 汉族   | 大数据与财务管理   | 221302  |
| 22210101 | 张开琪 | 女     | 2003-09-27 | 汉族   | 大数据技术         | 222101  |
| 22230101 | 王一博 | 男     | 2003-11-16 | 回族   | 计算机应用技术     | 222301  |
| 22250301 | 郭志坚 | 男     | 2004-04-05 | 汉族   | 数字媒体           | 222503  |
| 22320401 | 吴鑫   | 男     | 2004-02-02 | 汉族   | 空中乘务           | 223204  |
| 22330101 | 王小辉 | 男     | 2004-03-20 | 傣族   | 物流管理           | 223301  |
| 22420101 | 孙月茹 | 女     | 2004-06-29 | 汉族   | 金融科技应用       | 224201  |
+----------+--------+--------+------------+--------+--------------------+---------+
16 rows in set (0.00 sec)
```

图 4-13　修改 s 表中的全部记录

2. 修改数据表中的部分数据

【例 4-14】 备份 course 表为 c；在 c 表中，将第 1 学期开设课程的课时增加 4。

复制 course 表，得到副本表 c。

```
CREATE TABLE c AS SELECT * FROM course;
```

修改前，查看 c 表第 1 学期开设课程的课时。

```
SELECT * FROM c WHERE term='1';
```

使用 WHERE 子句，限定只修改第 1 学期开设课程的课时。

```
UPDATE c SET period=period+4 WHERE term='1';
```

修改完成后，再次查看 c 表第 1 学期开设课程的课时，可以看到课时的变化。

命令及执行结果如图 4-14 所示。

```
mysql> CREATE TABLE c AS SELECT * FROM course;
Query OK, 20 rows affected (0.01 sec)
Records: 20  Duplicates: 0  Warnings: 0

mysql> SELECT * FROM c WHERE term='1';
+-------+--------------+--------+--------+------+
| cno   | cname        | period | credit | term |
+-------+--------------+--------+--------+------+
| 01001 | 经济数学     |     48 |      3 | 1    |
| 01002 | 大学英语     |     64 |      4 | 1    |
| 11001 | 基础会计     |     64 |      4 | 1    |
| 21001 | 计算机网络   |     64 |      4 | 1    |
| 31001 | 现代物流概论 |     64 |      4 | 1    |
| 31003 | 民航概论     |     64 |      4 | 1    |
| 41001 | 金融学基础   |     64 |      4 | 1    |
+-------+--------------+--------+--------+------+
7 rows in set (0.00 sec)

mysql> UPDATE c SET period=period+4 WHERE term='1';
Query OK, 7 rows affected (0.00 sec)
Rows matched: 7  Changed: 7  Warnings: 0

mysql> SELECT * FROM c WHERE term='1';
+-------+--------------+--------+--------+------+
| cno   | cname        | period | credit | term |
+-------+--------------+--------+--------+------+
| 01001 | 经济数学     |     52 |      3 | 1    |
| 01002 | 大学英语     |     68 |      4 | 1    |
| 11001 | 基础会计     |     68 |      4 | 1    |
| 21001 | 计算机网络   |     68 |      4 | 1    |
| 31001 | 现代物流概论 |     68 |      4 | 1    |
| 31003 | 民航概论     |     68 |      4 | 1    |
| 41001 | 金融学基础   |     68 |      4 | 1    |
+-------+--------------+--------+--------+------+
7 rows in set (0.00 sec)
```

图 4-14　修改 c 表中的部分记录

4.4.2　多表数据修改

如果要修改主表中的主键值，那么从表中引用的外键值也要随之更新。此时，可用的一种方法就是在从表中设置可以级联更新 (使用 ON UPDATE CASCADE) 的外键约束。

【例 4-15】　备份 study 表为 cj；将 s 表中的学生吴鑫的专业由原来的"空中乘务"调整为"数字媒体"，学号改为 22250302，并自动修改 cj 表中的对应学号。

复制 study 表，得到副本表 cj。

CREATE TABLE cj AS SELECT * FROM study;

分别在主表 s 和从表 cj 的 sno 字段上创建主键约束和可以级联更新的外键约束。

ALTER TABLE s ADD PRIMARY KEY(sno);

ALTER TABLE cj ADD FOREIGN KEY(sno) REFERENCES s(sno) ON UPDATE CASCADE;

修改前，查看 s 表中吴鑫的学号和专业名。

SELECT sno,subject FROM s WHERE sname=' 吴鑫 ';

查看 cj 表中吴鑫的课程成绩，吴鑫的原学号是 22320401。

SELECT * FROM cj WHERE sno='22320401';

修改 s 表中吴鑫的专业名和学号，WHERE 子句中的学号是吴鑫的原学号。

UPDATE s SET subject=' 数字媒体 ',sno='22250302' WHERE sno='22320401';

修改后，查看 s 表中吴鑫的学号和专业名。

SELECT sno,subject FROM s WHERE sname=' 吴鑫 ';

命令及执行结果如图 4-15 所示。

```
mysql> CREATE TABLE cj AS SELECT * FROM study;
Query OK, 38 rows affected, 1 warning (0.01 sec)
Records: 38  Duplicates: 0  Warnings: 1

mysql> ALTER TABLE s ADD PRIMARY KEY(sno);
Query OK, 0 rows affected (0.04 sec)
Records: 0  Duplicates: 0  Warnings: 0

mysql> ALTER TABLE cj ADD FOREIGN KEY(sno) REFERENCES s(sno) ON UPDATE CASCADE;
Query OK, 38 rows affected (0.03 sec)
Records: 38  Duplicates: 0  Warnings: 0

mysql>
mysql> SELECT sno,subject FROM s WHERE sname='吴鑫';
+----------+----------+
| sno      | subject  |
+----------+----------+
| 22320401 | 空中乘务 |
+----------+----------+
1 row in set (0.00 sec)

mysql> SELECT * FROM cj WHERE sno='22320401';
+----------+-------+-------+
| sno      | cno   | score |
+----------+-------+-------+
| 22320401 | 01002 | 68.0  |
| 22320401 | 31003 | 82.0  |
+----------+-------+-------+
2 rows in set (0.00 sec)

mysql> UPDATE s SET subject='数字媒体',sno='22250302' WHERE sno='22320401';
Query OK, 1 row affected (0.01 sec)
Rows matched: 1  Changed: 1  Warnings: 0

mysql> SELECT sno,subject FROM s WHERE sname='吴鑫';
+----------+----------+
| sno      | subject  |
+----------+----------+
| 22250302 | 数字媒体 |
+----------+----------+
1 row in set (0.00 sec)
```

图 4-15　级联修改两表数据

再次查看 cj 表，原学号"22320401"的课程成绩已更新学号为"22250302"。

任务 4.5　删除数据表数据

删除表数据

为了提高数据表的检索速度，通常要删除表中无用的历史数据，可以使用 DELETE 命令和 TRUNCATE 命令。

表中数据一旦删除无法恢复，所以，在删除表数据时一定要慎重。

如果要删除数据的表与其他表之间存在主外键关系，则不能直接删除主键所在的表数据，可以直接删除外键所在的表中数据。如 s 表和 cj 表通过 sno 字段上存在主从关系，s 表是主表，cj 表是从表，可以直接删除 cj 表中的数据，但不能直接删除 s 表中的数据。

4.5.1　使用 DELETE 命令删除单表数据

语法格式：

```
DELETE FROM 表名 [WHERE 条件表达式 ]
```

说明：

WHERE 子句是可选项，若省略该子句，会删除指定表中所有数据，否则，删除满足 WHERE 条件的记录行。

【例 4-16】　删除 cj 表中成绩不及格的成绩信息。

本例操作命令如下：

```
DELETE FROM cj WHERE score<60;
```

【例 4-17】　删除 cj 表中的所有成绩信息，并从数据库 dbschool 中删除 cj 表。

本例操作命令如下：

```
DELETE FROM cj;
DROP TABLE cj;
```

4.5.2　使用 DELETE 命令删除多表数据

删除主表中记录时，如果从表中有引用的外键值，默认不允许删除。此时，可用的一种方法就是在从表中设置级联删除 (使用 ON DELETE CASCADE) 的外键约束。

【例 4-18】　删除 s 表中的男生记录，同时自动删除 cj 表中这些学生的成绩信息。

重新复制 student 表和 study 表，得到副本表 s 和 cj，在 s 表的 sno 字段上创建主键，在 cj 表的 sno 字段上创建可以级联删除的外键约束。

本例操作命令如下：

```
DROP TABLE IF EXISTS cj,s;
CREATE TABLE s AS SELECT * FROM student;
CREATE TABLE cj AS SELECT * FROM study;
ALTER TABLE s ADD PRIMARY KEY(sno);
ALTER TABLE cj ADD FOREIGN KEY(sno) REFERENCES s(sno) ON DELETE CASCADE;
```

删除 s 表中的男生记录。

```
DELETE FROM s WHERE gender=' 男 ';
```

命令及执行后两表的结果如图 4-16 所示。

```
mysql> SELECT * FROM s;
+----------+----------+--------+------------+--------+------------------+----------+
| sno      | sname    | gender | birthday   | nation | subject          | classid  |
+----------+----------+--------+------------+--------+------------------+----------+
| 21110101 | 张宇飞    | 女     | 2002-01-14 | 汉     | 大数据与会计      | 211101   |
| 21120101 | 江山      | 女     | 2002-08-30 | 回     | 会计信息管理      | 211201   |
| 21220101 | 章炯      | 女     | 2001-11-10 | 壮     | 人工智能技术应用  | 212201   |
| 21320201 | 张晓英    | 女     | 2002-02-08 | 汉     | 跨境电子商务      | 213202   |
| 22110101 | 李丽      | 女     | 2004-02-23 | 侗     | 大数据与会计      | 211101   |
| 22110102 | 夏子怡    | 女     | 2003-12-06 | 汉     | 大数据与会计      | 211101   |
| 22210101 | 张开琪    | 女     | 2003-09-27 | 汉     | 大数据技术        | 222101   |
| 22420101 | 孙月茹    | 女     | 2004-06-29 | 汉     | 金融科技应用      | 224201   |
+----------+----------+--------+------------+--------+------------------+----------+
8 rows in set (0.00 sec)

mysql> SELECT * FROM cj;
+----------+-------+-------+
| sno      | cno   | score |
+----------+-------+-------+
| 21110101 | 11003 | 80.0  |
| 21110101 | 11004 | 66.0  |
| 21120101 | 11003 | 73.0  |
| 21120101 | 21004 | 88.0  |
| 21220101 | 21003 | 71.0  |
| 21220101 | 21004 | 72.0  |
| 21220101 | 21006 | 55.0  |
| 21320201 | 31002 | 84.0  |
| 21320201 | 31004 | 88.0  |
| 22110101 | 01001 | 62.0  |
| 22110101 | 11001 | 87.0  |
| 22110102 | 01001 | 60.0  |
| 22110102 | 11001 | 66.0  |
| 22210101 | 01002 | 45.0  |
| 22210101 | 01004 | 91.0  |
| 22210101 | 21002 | 85.0  |
| 22420101 | 01001 | 90.0  |
| 22420101 | 01004 | 86.0  |
| 22420101 | 41001 | 87.0  |
+----------+-------+-------+
19 rows in set (0.00 sec)
```

图 4-16   级联删除多表数据

在删除两表数据前后，查看对比 s 和 cj 表中的数据，观察其变化。

4.5.3   使用 TRUNCATE 命令清空表记录

语法格式：

TRUNCATE TABLE 表名

说明：

(1) 该语句将删除表中的所有数据，在功能上和不带 WHERE 子句的 DELETE 语句相同，都删除表中的全部数据，但 TRUNCATE TABLE 比 DELETE 速度快，且使用系统和事务日志资源少。

(2) DELETE 语句每删除一行，就在事务日志中为所删除的行记录一项，而 TRUNCATE TABLE 通过释放存储表数据所用的数据页来删除数据，且只在事务日志中记录页的释放。使用 TRUNCATE TABLE 语句时，AUTO_INCREMENT 计数器被重新设置为该列的初始值。

(3) TRUNCATE TABLE 语句不能删除有外键关联的主表。

【例 4-19】 使用 TRUNCATE TABLE 语句删除 cj 表中的所有记录。

本例操作命令如下：

```
SELECT * FROM cj;
TRUNCATE TABLE cj;
SELECT * FROM cj;
```

命令及执行结果如图 4-17 所示。

```
mysql> SELECT * FROM cj;
+----------+-------+-------+
| sno      | cno   | score |
+----------+-------+-------+
| 21110101 | 11003 |  80.0 |
| 21110101 | 11004 |  66.0 |
| 21120101 | 11003 |  73.0 |
| 21120101 | 21004 |  88.0 |
| 21220101 | 21003 |  71.0 |
| 21220101 | 21004 |  72.0 |
| 21220101 | 21006 |  55.0 |
| 21320201 | 31002 |  84.0 |
| 21320201 | 31004 |  88.0 |
| 22110101 | 01001 |  62.0 |
| 22110101 | 11001 |  87.0 |
| 22110102 | 01001 |  60.0 |
| 22110102 | 11001 |  66.0 |
| 22210101 | 01002 |  45.0 |
| 22210101 | 01004 |  91.0 |
| 22210101 | 21002 |  85.0 |
| 22420101 | 01001 |  90.0 |
| 22420101 | 01004 |  86.0 |
| 22420101 | 41001 |  87.0 |
+----------+-------+-------+
19 rows in set (0.00 sec)

mysql> TRUNCATE TABLE cj;
Query OK, 0 rows affected (0.06 sec)

mysql> SELECT * FROM cj;
Empty set (0.00 sec)
```

图 4-17 使用 TRUNCATE TABLE 命令删除表数据

课后练习

一、单选题

1. 返回当前日期的函数是 ( )。

A. ADDDATE()   B. CURTIME()

C. CURDATE()   D. NOW()

2. 设置工资在 6000 元到 9000 元之间的表达式是 ( )。

A. >=6000 OR <=9000   B. 6000 AND 9000

C. BETWEEN 6000 AND 9000   D. BETWEEN >=6000 AND 9000

3. 可以匹配 0 个或多个字符的通配符是 ( )。

A. *   B. ?

C. %   D. _

4. 若数据库中表 s 的结构为：s(sn，cn，grade)。其中，sn 为学生名，cn 为课程名，二者均为字符型；grade 为成绩，数值型，取值范围 0～100。若要把"张珊的化学成绩 80 分"插入 s 中，则可用 ( )。

A. ADD INTO s VALUES(' 张珊 ',' 化学 ','80')

B. INSERT INTO s VALUES(' 张珊 ',' 化学 ','80')

C. ADD INTO s VALUES(' 张珊 ',' 化学 ',80)

D. INSERT INTO s VALUES(' 张珊 ',' 化学 ',80)

5. DELETE FROM s 语句的作用是 ( )。

A. 删除当前数据库中 s 表，包括表结构

B. 删除当前数据库中 s 表中的所有行

C. 由于没有 WHERE 子句，因此不删除任何数据

D. 删除当前数据库中 s 表中的当前行

二、填空题

1. "SELECT LEFT(' 陕西财经职业技术学院 ',4);" 语句的执行结果为 _____。

2. 计算当前日期是本年的第几天，可使用函数 _____。

3. MySQL 中求一组数的最大值，可使用函数 _____。

4. 以出生日期 "2004-3-10" 为例，使用 YEAR( ) 函数计算其年龄的表达式为 _____。

5. 修改表数据的命令 UPDATE 要和 _____ 关键字配合使用。

知识延伸

API 函数的全称为应用程序接口函数，是软件开发中不可或缺的重要工具。它允许不同的软件应用程序之间进行交互和通信，实现各种复杂的功能和服务。API 函数的强大功能使得开发者能够更高效地创建出功能丰富、性能卓越的软件产品。

在软件开发领域，API 函数扮演着桥梁的角色，连接着不同的软件组件和系统。通过调用 API 函数，开发者可以实现数据的传输、操作的执行以及功能的扩展。这种交互方式不仅提高了软件的可扩展性和可维护性，还降低了开发的复杂度和成本。

下面介绍几种常用的 API 函数：

1. mysql_real_CONNECT()

连接一个 mysql 服务器。

```
MYSQL *mysql_real_CONNECT (MYSQL *mysql, const char*host, const char*user,const char*passwd,
const char*db,unsigned intport,const char*unix_socket,unsigned long client_flag)
```

如果连接成功，返回 MYSQL* 连接句柄。如果连接失败，返回 NULL。对于成功的连接，返回值与第 1 个参数的值相同。

2. mysql_QUERY()

执行指定 "以 NULL 终结的字符串" 的 SQL 查询。

返回一个结果表，假定查询成功，可以调用 mysql_num_ROWS() 来查看对应于 SELECT

语句返回了多少行，或者调用 mysql_affected_ROWS() 来查看对应于 DELETE，INSERT，REPLACE 或 UPDATE 语句影响到了多少行。

3. mysql_store_RESULT()

> MYSQL_RES *mysql_store_RESULT(MYSQL *mysql)

检索完整的结果集至客户端。客户端处理结果集最常用的方式是通过调用 mysql_store_RESULT()，一次性地检索整个结果集。该函数能从服务器获得查询返回的所有行，并将它们保存在客户端。对于成功检索了数据的每个查询 (SELECT、SHOW、DESCRIBE、EXPLAIN、CHECK TABLE 等)，必须调用 mysql_store_RESULT() 或 mysql_use_RESULT()。对于其他查询，不需要调用 mysql_store_RESULT() 或 mysql_use_RESULT()，但是如果在任何情况下均调用了 mysql_store_result()，它也不会导致任何伤害或性能降低。

4. mysql_num_ROWS()

返回结果集中的行数。

5. mysql_num_FIELDS()

返回结果集中的字段数，如果失败，则返回 false。

6. mysql_fetch_FIELD()

> MYSQL_FIELD* mysql_fetch_field(MYSQL_RES *result);

获取下一个表字段的类型，结束返回 NULL。

7. mysql_fetch_ROW()

> MYSQL_ROW mysql_fetch_row(MYSQL_RES *result);

从结果集中获取下一行，成功返回一个数组，值大于 0。

8. mysql_fetch_field_DIRECT()

> MYSQL_FIELD* mysql_fetch_field_direct(MYSQL_RES *result, int i);

给定字段编号，返回表字段的类型，结束返回 NULL。

项目 5

数 据 查 询

素质目标

- 树立高效检索数据的服务意识；
- 具有敢于尝试、追求卓越的职业精神。

知识目标

- 熟练掌握 SELECT 语句的基本语法，确保能够准确运用其各项功能；
- 深入掌握单表查询和分组查询的使用方法,能够高效处理单表数据并提取所需信息；
- 对多表连接查询、子查询和联合查询的使用亦需熟悉，以便在复杂的数据关系中准确获取所需数据。

能力目标

- 具备运用 SELECT 语句实现多样化单表查询的技能；
- 能够在 SELECT 语句中灵活采用聚合函数进行详尽的数据分类统计；
- 熟练掌握运用 SELECT 语句执行多表连接查询、子查询以及联合查询的操作。

▶ 案例导入

"学生成绩管理系统"中各种类型的信息被精心组织并存储于不同的数据表中。这些表格不仅是数据存储的载体,更是系统实现各项功能的基础。具体来说,班级的基本信息被存储在 class 表中,包括班级名称、班级编号、所在院系信息等;学生的基本信息则被详细记录在 student 表中,涵盖了学生姓名、学号、性别、出生日期等关键信息;课程的基本信息则存储于 course 表中,包括课程名称、课程编号、学时等详细信息;而每个学生的课程考试成绩信息则被精心存储在 study 表中,以便于系统随时进行成绩统计和分析。

在实际使用过程中,系统会根据不同的应用需求,对各个表进行灵活的数据查询。例如,当需要了解学生的相关信息时,系统只需从 student 表中查询对应的列即可。这种只涉及单个数据表的查询方式,通常称之为单表查询。

然而,在某些情况下,系统可能需要进行更为复杂的查询操作。比如,当需要查询某门课程成绩较好的前几名学生时,就需要对 course 表和 study 表进行连接查询。这是因为这两张表分别存储了课程和成绩的信息,而需要将这两部分信息结合起来,以便对成绩进行排序和筛选。此时,系统就需要进行多表查询。

任务 5.1 单 表 查 询

5.1.1 SELECT 语句的基本语法

一个完整的 SELECT 语句通常包含 6 个子句。
语法格式:

```
SELECT *|< 字段列表 >|< 表达式列表 >
[FROM < 表名 >]
[WHERE < 查询条件 >]
[GROUP BY < 分组字段 1>[,< 分组字段 2>,…] [HAVING < 分组条件 >]]
[ORDER BY < 排序字段 1>[,< 排序字段 2>,…] [ASC|DESC]]
[LIMIT [< 位置偏移量 >,]< 行数 >]
```

说明:

(1) SELECT 子句。此句用来输出查询内容。查询内容可以是字段名,也可以是常量、变量、函数和表达式。如果是多个字段或表达式,则它们之间要用英文逗号间隔。单独使用时仅作为输出语句。

(2) FROM 子句。此句用于指定数据源。它可以是表 (或视图),如果是多个表名,则它们之间须用英文逗号分隔,通常用于多表连接查询。

(3) WHERE 子句。此句用来指定查询条件。通过查询条件或多个表的连接条件可以实现对表的行筛选。

(4) GROUP BY 子句。此句用于对查询结果按一个或多个字段进行分组汇总，通常和聚合函数一起使用。HAVING 选项用于对分组进行限制。

(5) ORDER BY 子句。此句用于对查询结果进行排序，ASC 表示升序 (默认，可省略)，DESC 表示降序。如果有多个字段，则依次按字段顺序进行排序显示。

(6) LIMIT 子句。此句用于限制查询结果的显示行数，是 MySQL 的特定用法。其中，表中第 1 条记录的位置偏移量为 0，第 2 条记录的位置偏移量为 1，依次类推，省略时默认从第 1 条记录开始显示。

(7) 要严格按照语法格式中显示的顺序书写 SELECT 语句，其中 [] 内的内容可以省略。

下面将逐一介绍 SELECT 语句中包含的各个子句的使用。

SELECT 子句单独使用时，能输出各种表达式的值，也称无数据源查询。

【例 5-1】 查询 MySQL 服务器版本号和当前数据库名。

```
SELECT VERSION(),DATABASE();
```

语句执行结果如图 5-1 所示。

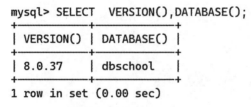

图 5-1 输出系统函数值

如果 DATABASE( ) 函数的输出查询结果为 NULL，则表示当前没有数据库打开。这两个函数值会随着用户的使用环境不同而输出不同的结果。

5.1.2 基本查询

SELECT 基本查询只包括 SELECT 子句和 FROM 子句，查询结果包含表中的所有行。

基本查询

在进行操作前，一定要使用 USE 命令打开相关的数据库，这里的数据库是 dbschool。

```
USE dbschool;            # 打开 dbschool 数据库，使之成为当前数据库
SHOW TABLES;            # 查看当前数据库中的表
```

1. 查看表中的所有列

当在 SELECT 子句中使用 "*" 时，表示选择当前表的所有列。

【例 5-2】 查看学生的所有信息。

本例操作命令如下：

```
USE dbschool;
SELECT * FROM student;
```

查询结果如图 5-2 所示。

```
mysql> USE dbschool;
Database changed
mysql> SELECT * FROM student;
+----------+---------+--------+------------+--------+----------------------+----------+
| sno      | sname   | gender | birthday   | nation | subject              | classid  |
+----------+---------+--------+------------+--------+----------------------+----------+
| 21110101 | 张宇飞  | 女     | 2002-01-14 | 汉     | 大数据与会计         | 211101   |
| 21110102 | 吴昊天  | 男     | 2002-03-17 | 汉     | 大数据与会计         | 211101   |
| 21120101 | 江山    | 女     | 2002-08-30 | 回     | 会计信息管理         | 211201   |
| 21211001 | 李明    | 男     | 2001-12-24 | 汉     | 大数据技术           | 212110   |
| 21220101 | 章炯    | 女     | 2001-11-10 | 壮     | 人工智能技术应用     | 212201   |
| 21320201 | 张晓英  | 女     | 2002-02-08 | 汉     | 跨境电子商务         | 213202   |
| 21450101 | 刘家林  | 男     | 2002-05-18 | 汉     | 工程造价             | 214501   |
| 22110101 | 李丽    | 女     | 2004-02-23 | 侗     | 大数据与会计         | 221101   |
| 22110102 | 夏子怡  | 女     | 2003-12-06 | 汉     | 大数据与会计         | 221101   |
| 22130201 | 林涛    | 男     | 2003-11-28 | 汉     | 大数据与财务管理     | 221302   |
| 22210101 | 张开琪  | 女     | 2003-09-27 | 汉     | 大数据技术           | 222101   |
| 22230101 | 王一博  | 男     | 2003-11-16 | 回     | 计算机应用技术       | 222301   |
| 22250301 | 郭志坚  | 男     | 2004-04-05 | 汉     | 数字媒体             | 222503   |
| 22320401 | 吴鑫    | 男     | 2004-02-02 | 汉     | 空中乘务             | 223204   |
| 22330101 | 王小辉  | 男     | 2004-03-20 | 傣     | 物流管理             | 223301   |
| 22420101 | 孙月茹  | 女     | 2004-06-29 | 汉     | 金融科技应用         | 224201   |
+----------+---------+--------+------------+--------+----------------------+----------+
16 rows in set (0.00 sec)
```

图 5-2 使用 "*" 选择 student 表的所有列

同理，查看课程表的所有列的 SELECT 语句如下：

SELECT * FROM course;

2. 查看表的指定字段

使用 SELECT 命令还可以查看表中的一个或多个字段。如果是多个字段，则各字段名之间要用英文半角逗号分隔，字段列表顺序和表中的顺序可以不同。

【例 5-3】 查询学生的学号、姓名和专业信息。

本例操作命令如下：

SELECT sno,sname,subject FROM student;

查询结果如图 5-3 所示。

```
mysql> SELECT sno,sname,subject FROM student;
+----------+---------+----------------------+
| sno      | sname   | subject              |
+----------+---------+----------------------+
| 21110101 | 张宇飞  | 大数据与会计         |
| 21110102 | 吴昊天  | 大数据与会计         |
| 21120101 | 江山    | 会计信息管理         |
| 21211001 | 李明    | 大数据技术           |
| 21220101 | 章炯    | 人工智能技术应用     |
| 21320201 | 张晓英  | 跨境电子商务         |
| 21450101 | 刘家林  | 工程造价             |
| 22110101 | 李丽    | 大数据与会计         |
| 22110102 | 夏子怡  | 大数据与会计         |
| 22130201 | 林涛    | 大数据与财务管理     |
| 22210101 | 张开琪  | 大数据技术           |
| 22230101 | 王一博  | 计算机应用技术       |
| 22250301 | 郭志坚  | 数字媒体             |
| 22320401 | 吴鑫    | 空中乘务             |
| 22330101 | 王小辉  | 物流管理             |
| 22420101 | 孙月茹  | 金融科技应用         |
+----------+---------+----------------------+
16 rows in set (0.00 sec)
```

图 5-3 查询 student 表的指定列

还可以改变字段的显示顺序，在第 1 列显示专业。

> SELECT subject,sno,sname FROM student;

查询结果如图 5-4 所示。

```
mysql> SELECT subject,sno,sname FROM student;
+--------------------+----------+----------+
| subject            | sno      | sname    |
+--------------------+----------+----------+
| 大数据与会计        | 21110101 | 张宇飞   |
| 大数据与会计        | 21110102 | 吴昊天   |
| 会计信息管理        | 21120101 | 江山     |
| 大数据技术          | 21211001 | 李明     |
| 人工智能技术应用    | 21220101 | 章炯     |
| 跨境电子商务        | 21320201 | 张晓英   |
| 工程造价            | 21450101 | 刘家林   |
| 大数据与会计        | 22110101 | 李丽     |
| 大数据与会计        | 22110102 | 夏子怡   |
| 大数据与财务管理    | 22130201 | 林涛     |
| 大数据技术          | 22210101 | 张开琪   |
| 计算机应用技术      | 22230101 | 王一博   |
| 数字媒体            | 22250301 | 郭志坚   |
| 空中乘务            | 22320401 | 吴鑫     |
| 物流管理            | 22330101 | 王小辉   |
| 金融科技应用        | 22420101 | 孙月茹   |
+--------------------+----------+----------+
16 rows in set (0.00 sec)
```

图 5-4　改变列的显示顺序

3. 去掉查询结果集中的重复行

当选择表中的某些列时，可能会出现重复行，使用 DISTINCT 关键字可以消除。

【例 5-4】　查看学生的民族信息，每个民族只显示一个。

本例操作命令如下：

> SELECT DISTINCT nation FROM student;

查询结果如图 5-5 所示。

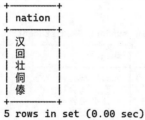

```
mysql> SELECT DISTINCT nation FROM student;
+--------+
| nation |
+--------+
| 汉     |
| 回     |
| 壮     |
| 侗     |
| 傣     |
+--------+
5 rows in set (0.00 sec)
```

图 5-5　使用 DISTINCT 关键字消除重复值的显示结果

4. 定义列别名

可以使用 AS 短语为列标题指定别名，其中的 AS 关键字可以省略。

语法格式：

> 列标题 [AS] 别名

【例 5-5】　查询学校开设的专业，去掉重复值，并将查询结果的列标题改为"专业"。

本例操作命令如下：

> SELECT DISTINCT subject as 专业 FROM student;

或者

> SELECT DISTINCT subject 专业 FROM student;

查询结果如图 5-6 所示。

```
mysql> SELECT DISTINCT subject AS 专业 FROM  student;
+------------------+
| 专业             |
+------------------+
| 大数据与会计     |
| 会计信息管理     |
| 大数据技术       |
| 人工智能技术应用 |
| 跨境电子商务     |
| 工程造价         |
| 大数据与财务管理 |
| 计算机应用技术   |
| 数字媒体         |
| 空中乘务         |
| 物流管理         |
| 金融科技应用     |
+------------------+
12 rows in set (0.00 sec)
```

图 5-6　为列标题指定别名

5. 查询计算列

使用 SELECT 语句对列进行查询时，可以使用表达式作为结果。

【例 5-6】 查询学生的学号、姓名和年龄，将计算的年龄列标题显示为 age。
这里采用最简单的计算年龄方法：系统日期的年份－学生出生日期的年份。
本例操作命令如下：

> SELECT sno,sname,year(now())-year(birthday) AS age FROM student;

【例 5-7】 查询给所有课程增加 5% 课时的课程名、原课时和现课时。

> SELECT cname 课程名 ,period 原课时 ,period*1.05 现课时 FROM course;

查询结果如图 5-7 所示。

```
mysql> SELECT cname 课程名,period 原课时,period*1.05 现课时 FROM course;
+----------------+----------+----------+
| 课程名         | 原课时   | 现课时   |
+----------------+----------+----------+
| 经济数学       |       48 |    50.40 |
| 大学英语       |       64 |    67.20 |
| 国学经典       |       32 |    33.60 |
| 思想道德与法治 |       64 |    67.20 |
| 基础会计       |       64 |    67.20 |
| 财务会计       |       64 |    67.20 |
| 财务管理       |     NULL |     NULL |
| 成本会计       |       64 |    67.20 |
| 计算机网络     |       64 |    67.20 |
| Java程序设计   |       64 |    67.20 |
| Linux操作系统  |       64 |    67.20 |
| 数据库基础     |     NULL |     NULL |
| 平面设计       |       64 |    67.20 |
| Python数据分析 |       64 |    67.20 |
| 现代物流概论   |       64 |    67.20 |
| 客户服务与管理 |       64 |    67.20 |
| 民航概论       |       64 |    67.20 |
| 市场调查与预测 |       64 |    67.20 |
| 金融学基础     |       64 |    67.20 |
| 工程造价管理   |       64 |    67.20 |
+----------------+----------+----------+
20 rows in set (0.00 sec)
```

图 5-7　在查询中显示计算列"现课时"

6. 替换查询结果中的数据

在对表进行查询时，有时希望得到查询列的另外一种显示方式，如将 study 表中的成绩列 score 显示为等级而不是具体的成绩，此时，就可以使用查询语句中的 CASE 表达式，其格式如下：

```
CASE
    WHEN < 条件 1> THEN 表达式 1
    WHEN < 条件 2> THEN 表达式 2
    …
    ELSE 表达式 N
END
```

说明：

CASE 表达式以 CASE 开始，END 结束；MySQL 从条件 1 开始判断：若条件 1 成立，则输出表达式 1 后结束；如果条件 1 不成立，则判断条件 2，若条件 2 成立，则输出表达式 2 后结束；以此类推。如果所有条件都不成立，则输出表达式 N。

【例 5-8】 将 study 表中的成绩列按优秀 (score≥ 90)、及格 (90＜score≤60) 和不及格 (score＜60) 显示，查询结果包括学号、课程号和等级。

本例操作命令如下：

```
SELECT sno 学号 ,cno 课程号 ,
    CASE
        WHEN score>=90 THEN ' 优秀 '
        WHEN score<60 THEN ' 不及格 '
        ELSE ' 及格 '
    END AS 等级
FROM study;
```

查询结果如图 5-8 所示。

```
mysql> SELECT sno 学号,cno 课程号,
    → CASE
    → WHEN score≥90 THEN '优秀'
    → WHEN score<60 THEN '不及格'
    → ELSE '及格'
    → END AS 等级
    → FROM study;
+----------+----------+--------+
| 学号      | 课程号    | 等级    |
+----------+----------+--------+
| 21110101 | 11003    | 及格    |
| 21110101 | 11004    | 及格    |
| 21110102 | 11003    | 不及格  |
| 21110102 | 11004    | 及格    |
| 21120101 | 11003    | 及格    |
| 21120101 | 21004    | 及格    |
| 21211001 | 21002    | 及格    |
| 21211001 | 21003    | 及格    |
| 21211001 | 21004    | 及格    |
| 21211001 | 21006    | 及格    |
| 21220101 | 21003    | 及格    |
| 21220101 | 21004    | 及格    |
| 21220101 | 21006    | 不及格  |
| 21320201 | 31002    | 及格    |
| 21320201 | 31004    | 及格    |
| 21450101 | 11003    | 及格    |
| 21450101 | 41002    | 及格    |
| 22110101 | 01001    | 及格    |
| 22110101 | 11001    | 及格    |
| 22110102 | 01001    | 及格    |
| 22110102 | 11001    | 及格    |
| 22130201 | 01001    | 不及格  |
| 22130201 | 01004    | 及格    |
| 22130201 | 11001    | 及格    |
| 22210101 | 01002    | 不及格  |
| 22210101 | 01004    | 优秀    |
```

图 5-8　替换查询结果中的数据（部分）

5.1.3　使用 WHERE 子句的条件查询

WHERE 子句必须紧跟在 FROM 子句之后，在 WHERE 子句中使用条件从表中筛选出满足条件的行。

1. 使用关系运算符和逻辑运算符的比较条件查询

条件查询

如果是多个条件，则要使用逻辑运算符连接多个条件运算，注意逻辑运算符的优先级。

【例 5-9】 查询男生的所有信息。

本例操作命令如下：

> SELECT * FROM student WHERE gender=' 男 ';

查询结果如图 5-9 所示。

```
mysql> SELECT * FROM student WHERE gender='男';
+----------+--------+--------+------------+--------+--------------------+----------+
| sno      | sname  | gender | birthday   | nation | subject            | classid  |
+----------+--------+--------+------------+--------+--------------------+----------+
| 21110102 | 吴昊天 | 男     | 2002-03-17 | 汉     | 大数据与会计       | 211101   |
| 21211001 | 李明   | 男     | 2001-12-24 | 汉     | 大数据技术         | 212110   |
| 21450101 | 刘家林 | 男     | 2002-05-18 | 汉     | 工程造价           | 214501   |
| 22130201 | 林涛   | 男     | 2003-11-28 | 汉     | 大数据与财务管理   | 221302   |
| 22230101 | 王一博 | 男     | 2003-11-16 | 回     | 计算机应用技术     | 222301   |
| 22250301 | 郭志坚 | 男     | 2004-04-05 | 汉     | 数字媒体           | 222503   |
| 22320401 | 吴鑫   | 男     | 2004-02-02 | 汉     | 空中乘务           | 223204   |
| 22330101 | 王小辉 | 男     | 2004-03-20 | 傣     | 物流管理           | 223301   |
+----------+--------+--------+------------+--------+--------------------+----------+
8 rows in set (0.00 sec)
```

图 5-9 查询男生的所有信息

如果要查询少数民族男生的所有信息，只需要在上例查询条件中加上"非汉族"条件即可。命令如下：

> SELECT * FROM student WHERE gender=' 男 ' AND nation!=' 汉 ';

【例 5-10】 查询少数民族学生或女生的信息。

该查询只需满足非汉族和女生这两个条件中的一个，故使用逻辑运算符 OR 连接。

> SELECT * FROM student WHERE nation<>' 汉 ' OR gender=' 女 ';

查询结果如图 5-10 所示。其中的汉族学生一定是女生。

```
mysql> SELECT * FROM student WHERE nation<>'汉' OR gender='女';
+----------+--------+--------+------------+--------+--------------------+----------+
| sno      | sname  | gender | birthday   | nation | subject            | classid  |
+----------+--------+--------+------------+--------+--------------------+----------+
| 21110101 | 张宇飞 | 女     | 2002-01-14 | 汉     | 大数据与会计       | 211101   |
| 21120101 | 江山   | 女     | 2002-08-30 | 回     | 会计信息管理       | 211201   |
| 21220101 | 章炯   | 女     | 2001-11-10 | 壮     | 人工智能技术应用   | 212201   |
| 21320201 | 张晓英 | 女     | 2002-02-08 | 汉     | 跨境电子商务       | 213202   |
| 22110101 | 李丽   | 女     | 2004-02-23 | 侗     | 大数据与会计       | 221101   |
| 22110102 | 夏子怡 | 女     | 2003-12-06 | 汉     | 大数据与会计       | 221101   |
| 22210101 | 张开琪 | 女     | 2003-09-27 | 汉     | 大数据技术         | 222101   |
| 22230101 | 王一博 | 男     | 2003-11-16 | 回     | 计算机应用技术     | 222301   |
| 22330101 | 王小辉 | 男     | 2004-03-20 | 傣     | 物流管理           | 223301   |
| 22420101 | 孙月茹 | 女     | 2004-06-29 | 汉     | 金融科技应用       | 224201   |
+----------+--------+--------+------------+--------+--------------------+----------+
10 rows in set (0.00 sec)
```

图 5-10 查询少数民族学生或女生的信息

2. 使用 BETWEEN…AND…运算符的范围条件查询

使用 BETWEEN A AND B 运算符可以搜索表达式介于 A 和 B(包含 A 和 B) 之间的结果集；当使用 NOT 时，则返回不在 A 和 B 之间的结果集。

【例 5-11】 查询分数在 80～90 之间 (含 80 和 90) 的学生成绩。

本例操作命令如下：

> SELECT * FROM study WHERE score BETWEEN 80 AND 90;

查询结果如图 5-11 所示。

```
mysql> SELECT * FROM study WHERE score BETWEEN 80 AND 90;
+----------+-------+-------+
| sno      | cno   | score |
+----------+-------+-------+
| 21110101 | 11003 | 80.0  |
| 21110102 | 11004 | 85.0  |
| 21120101 | 21004 | 88.0  |
| 21211001 | 21004 | 82.0  |
| 21320201 | 31002 | 84.0  |
| 21320201 | 31004 | 88.0  |
| 22110101 | 11001 | 87.0  |
| 22130201 | 01004 | 88.0  |
| 22210101 | 21002 | 85.0  |
| 22250301 | 01002 | 88.0  |
| 22250301 | 21005 | 90.0  |
| 22320401 | 31003 | 82.0  |
| 22420101 | 01001 | 90.0  |
| 22420101 | 01004 | 86.0  |
| 22420101 | 41001 | 87.0  |
+----------+-------+-------+
15 rows in set (0.00 sec)
```

图 5-11　查询分数在 80～90 之间的学生成绩信息

该查询也可以使用比较条件查询实现，命令如下：

SELECT * FROM study WHERE score>=80 AND score<=90;

如果要查询分数不在 80～90 之间的学生成绩信息，查询条件可以使用 NOT BETWEEN…
AND…运算符。命令如下：

SELECT * FROM study WHERE score NOT BETWEEN 80 AND 90;

或者

SELECT * FROM study WHERE score<80 OR score>90;

【例 5-12】　查询 2002 年出生的学生信息。

2002 年出生的学生，其出生日期应在 2002-1-1 和 2002-12-31 之间。

本例操作命令如下：

SELECT * FROM student

WHERE birthday BETWEEN '2002-1-1' AND '2002-12-31';

查询结果如图 5-12 所示。

```
mysql> SELECT * FROM student
    → WHERE birthday BETWEEN '2002-1-1' AND '2002-12-31';
+----------+--------+--------+------------+--------+--------------+---------+
| sno      | sname  | gender | birthday   | nation | subject      | classid |
+----------+--------+--------+------------+--------+--------------+---------+
| 21110101 | 张宇飞  | 女     | 2002-01-14 | 汉     | 大数据与会计   | 211101  |
| 21110102 | 吴昊天  | 男     | 2002-03-17 | 汉     | 大数据与会计   | 211101  |
| 21120101 | 江山    | 女     | 2002-08-30 | 回     | 会计信息管理   | 211201  |
| 21320201 | 张晓英  | 女     | 2002-02-08 | 汉     | 跨境电子商务   | 213202  |
| 21450101 | 刘家林  | 男     | 2002-05-18 | 汉     | 工程造价      | 214501  |
+----------+--------+--------+------------+--------+--------------+---------+
5 rows in set (0.00 sec)
```

图 5-12　查询 2002 年出生的学生信息

因查询结果只和学生的出生年份相关，故在查询条件中使用 YEAR( ) 函数更简单。

SELECT * FROM student WHERE YEAR(birthday)=2002;

3. 使用 IN 运算符的列表条件查询

如果查询的值是指定的某些值之一，可以使用带列表值的 IN 运算符进行查询。

【例 5-13】 查询回族和侗族学生的信息。

本例操作命令如下：

> SELECT * FROM student WHERE nation IN(' 回 ',' 侗 ');

查询结果如图 5-13 所示。

```
mysql> SELECT * FROM student WHERE nation IN('回','侗');
+----------+--------+--------+------------+--------+------------------+---------+
| sno      | sname  | gender | birthday   | nation | subject          | classid |
+----------+--------+--------+------------+--------+------------------+---------+
| 21120101 | 江山   | 女     | 2002-08-30 | 回     | 会计信息管理     | 211201  |
| 22110101 | 李丽   | 女     | 2004-02-23 | 侗     | 大数据与会计     | 221101  |
| 22230101 | 王一博 | 男     | 2003-11-16 | 回     | 计算机应用技术   | 222301  |
+----------+--------+--------+------------+--------+------------------+---------+
3 rows in set (0.00 sec)
```

图 5-13　查询回族和侗族学生的信息

该查询还可以使用比较条件查询完成，命令如下：

> SELECT * FROM student WHERE nation=' 回 ' OR nation=' 侗 ';

此命令和逻辑运算符 NOT 配合使用，可以查询不是回族和侗族的学生信息。

> SELECT * FROM student WHERE nation NOT IN(' 回 ',' 侗 ');

4. 使用 LIKE 运算符的模糊查询

LIKE 运算符用来进行字符串的匹配，通常和通配符 "%" 和 "_" 一起使用。其中，"%" 代表 0 个或多个字符，"_" 代表单个字符。

【例 5-14】 查询姓张学生的信息。

本例操作命令如下：

> SELECT * FROM student WHERE sname LIKE ' 张 %';

查询结果如图 5-14 所示。

```
mysql> SELECT * FROM student WHERE sname LIKE '张%';
+----------+--------+--------+------------+--------+--------------+---------+
| sno      | sname  | gender | birthday   | nation | subject      | classid |
+----------+--------+--------+------------+--------+--------------+---------+
| 21110101 | 张宇飞 | 女     | 2002-01-14 | 汉     | 大数据与会计 | 211101  |
| 22210101 | 张开琪 | 女     | 2003-09-27 | 汉     | 大数据技术   | 222101  |
| 21320201 | 张晓英 | 女     | 2002-02-08 | 汉     | 跨境电子商务 | 213202  |
+----------+--------+--------+------------+--------+--------------+---------+
3 rows in set (0.00 sec)
```

图 5-14　查询姓张学生的信息

查询不姓张的学生信息，操作命令和逻辑运算符 NOT 配合使用。其命令如下：

> SELECT * FROM student WHERE sname NOT LIKE ' 张 %';

【例 5-15】 查询课程名中含有 "基础" 的课程信息。

本例操作命令如下：

> SELECT * FROM course WHERE cname LIKE '% 基础 %';

查询结果如图 5-15 所示。

```
mysql> SELECT * FROM course WHERE cname LIKE '%基础%';
+-------+--------------+--------+--------+------+
| cno   | cname        | period | credit | term |
+-------+--------------+--------+--------+------+
| 11001 | 基础会计      |     64 |      4 |    1 |
| 21004 | 数据库基础    |   NULL |   NULL | NULL |
| 41001 | 金融学基础    |     64 |      4 |    1 |
+-------+--------------+--------+--------+------+
3 rows in set (0.00 sec)
```

图 5-15   查询课程名中含有"基础"的课程信息

【例 5-16】 查询名字只有两个字的学生信息。

可以在查询条件使用两个"_"代表名字中的两个字，命令如下：

SELECT * FROM student WHERE sname LIKE '__';   # 引号内有两个"_"（英文下画线）

查询结果如图 5-16 所示。

```
mysql> SELECT * FROM student WHERE sname LIKE '__';
+----------+-------+--------+------------+--------+------------------+---------+
| sno      | sname | gender | birthday   | nation | subject          | classid |
+----------+-------+--------+------------+--------+------------------+---------+
| 21120101 | 江山  | 女     | 2002-08-30 | 回     | 会计信息管理     | 211201  |
| 21211001 | 李明  | 男     | 2001-12-24 | 汉     | 大数据技术       | 212110  |
| 21220101 | 章炯  | 女     | 2001-11-10 | 壮     | 人工智能技术应用 | 212201  |
| 22110101 | 李丽  | 女     | 2004-02-23 | 侗     | 大数据与会计     | 221101  |
| 22130201 | 林涛  | 男     | 2003-11-28 | 汉     | 大数据与财务管理 | 221302  |
| 22320401 | 吴鑫  | 男     | 2004-02-02 | 汉     | 空中乘务         | 223204  |
+----------+-------+--------+------------+--------+------------------+---------+
6 rows in set (0.00 sec)
```

图 5-16   查询名字只有两个字的学生信息

该查询还可以使用比较条件查询，在查询条件中使用 LENGTH() 或 CHAR_LENGTH() 函数。

SELECT * FROM student WHERE LENGTH(sname)=6;

或者

SELECT * FROM student WHERE CHAR_LENGTH(sname)=2;

5. 关于空值的查询

空值不同于 0，也不同于空字符串。空值一般表示数据未知、不确定等。

在 SELECT 语句的 WHERE 子句中，空值不能使用比较运算符或模式匹配运算符，必须使用 IS NULL 或 IS NOT NULL 运算符判断指定列的值是否为空。

【例 5-17】 查看开设学期不确定的课程信息。

本例操作命令如下：

SELECT * FROM course WHERE term IS NULL;

查询结果如图 5-17 所示。

```
mysql> SELECT * FROM course WHERE term IS NULL;
+-------+--------------+--------+--------+------+
| cno   | cname        | period | credit | term |
+-------+--------------+--------+--------+------+
| 11003 | 财务管理      |   NULL |   NULL | NULL |
| 21002 | Java程序设计   |     64 |      4 | NULL |
| 21004 | 数据库基础    |   NULL |   NULL | NULL |
| 21005 | 平面设计      |     64 |      4 | NULL |
| 21006 | Python数据分析 |     64 |      4 | NULL |
+-------+--------------+--------+--------+------+
5 rows in set (0.00 sec)
```

图 5-17   查看开设学期不确定的课程信息

5.1.4　使用 GROUP BY 子句的分组查询

分组查询

在访问数据库时，经常需要对表中的某些数据进行统计分析，如求和、平均值、计数、最大值、最小值等，MySQL 内置的聚合函数可以快速实现数据统计。

通常情况下，使用聚合函数对一组值进行计算并返回一个数值。如果需要对表中数据进行分类统计，则聚合函数需要与 SELECT 语句中的 GROUP BY 子句配合使用，这就是分组查询。

1. 聚合函数

MySQL 中的聚合函数有 5 个：SUM()、AVG()、COUNT()、MAX()、MIN()。

聚合函数用于对查询结果中的指定字段进行统计，并返回单个计算结果。除了 COUNT() 函数外，聚合函数都会忽略空值。

说明：

(1) 聚合函数必须有参数，且参数必须放在函数名后的一对圆括号中。

(2) SUM/AVG(求和 / 平均值)：参数类型必须是数值型。

(3) COUNT(计数)：参数为"*"时，函数统计表中的所有行；参数是字段名时，函数只统计该字段值不为空的行。

(4) MAX/MIN(求最大值 / 最小值)：参数类型可以是数值型、日期型和字符型。

【例 5-18】　统计 course 表中的课程总数。

本例操作命令如下：

```
SELECT COUNT(*) 课程门数 FROM course;
```

查询结果如图 5-18 所示。

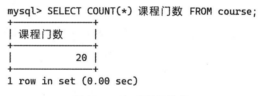

图 5-18　查看课程总数

【例 5-19】　查询课时已确定的课程数。

本例操作命令如下：

```
SELECT COUNT(period) FROM course;
```

或者

```
SELECT COUNT(*) FROM course where period IS NOT NULL;
```

查询结果如图 5-19 所示。

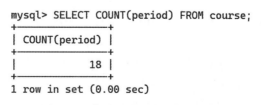

图 5-19　查看课时已确定的课程数

从查询结果可以看出，有 2 门课程的课时不确定。

【例 5-20】　查看 study 表的最高分、最低分和平均分。

本例操作命令如下：

SELECT MAX(score) 最高分 ,MIN(score) 最低分 ,AVG(score) 平均分 FROM study;

查询结果如图 5-20 所示。

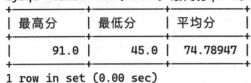

```
mysql> SELECT MAX(score) 最高分 ,MIN(score) 最低分 ,AVG(score) 平均分  FROM study;
+--------+--------+----------+
| 最高分 | 最低分 | 平均分   |
+--------+--------+----------+
|   91.0 |   45.0 | 74.78947 |
+--------+--------+----------+
1 row in set (0.00 sec)
```

图 5-20　聚合函数 MAX()、MIN() 和 AVG() 的应用

2. GROUP BY 子句

在 SELECT 语句中，GROUP BY 子句和聚合函数配合使用可按指定的表达式对查询结果进行分类统计。

说明：

(1) 若 SELECT 语句中没有 GROUP BY 子句，则聚合函数对整个查询结果进行统计；如果 SELECT 语句中包含 GROUP BY 子句，则聚合函数按分组进行统计。

(2) 除聚合函数外，SELECT 子句中的每列都必须出现在 GROUP BY 子句中。若 SELECT 子句中使用了表达式，就必须在 GROUP BY 子句中使用相同的表达式，不能使用别名。

(3) 在 GROUP BY 子句中可以包含多列，即多列分组。

【例 5-21】　统计 student 表中男女生人数。

先按性别字段分组，再对每个分组使用 COUNT() 函数进行计数。

SELECT gender,count(*) FROM student GROUP BY gender;

查询结果如图 5-21 所示。

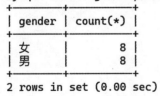

```
mysql> SELECT gender,count(*) FROM student GROUP BY gender;
+--------+----------+
| gender | count(*) |
+--------+----------+
| 女     |        8 |
| 男     |        8 |
+--------+----------+
2 rows in set (0.00 sec)
```

图 5-21　统计男女生人数

【例 5-22】　查询不同年份出生的学生人数。

该查询要使用 YEAR() 函数，按学生出生日期的年份进行分组。

本例操作命令如下：

SELECT YEAR(birthday) 出生年份 ,COUNT(*) 人数

FROM student GROUP BY YEAR(birthday);

查询结果如图 5-22 所示。

```
mysql> SELECT YEAR(birthday) 出生年份,COUNT(*) 人数
    → FROM student GROUP BY YEAR(birthday);
+-----------+--------+
| 出生年份  | 人数   |
+-----------+--------+
|      2002 |      5 |
|      2001 |      2 |
|      2004 |      5 |
|      2003 |      4 |
+-----------+--------+
4 rows in set (0.00 sec)
```

图 5-22　不同年份出生的学生数

【例 5-23】　统计 student 表中各民族的男女生人数。

这是一个多列分组查询。先按 nation 字段分组，同一民族再按 gender 字段分组统计人数。本例操作命令如下：

SELECT nation,gender,COUNT(*) from student GROUP BY nation,gender;

查询结果如图 5-23 所示。

```
mysql> SELECT nation,gender,COUNT(*) FROM student GROUP BY nation,gender;
+--------+--------+----------+
| nation | gender | COUNT(*) |
+--------+--------+----------+
| 汉     | 女     |        5 |
| 汉     | 男     |        6 |
| 回     | 女     |        1 |
| 壮     | 女     |        1 |
| 侗     | 女     |        1 |
| 回     | 男     |        1 |
| 傣     | 男     |        1 |
+--------+--------+----------+
7 rows in set (0.00 sec)
```

图 5-23　多列分组查询

【例 5-24】　查询每门课程的平均分和考试人数。

该查询要对 study 表中的记录按课程号进行分组，然后统计每个分组的行数和 score 字段的平均值。

本例操作命令如下：

SELECT cno 课程号 ,AVG(score) 平均分 ,COUNT(*) 考试人数

FROM study GROUP BY cno;

查询结果如图 5-24 所示。

```
mysql> SELECT cno 课程号,AVG(score) 平均分,COUNT(*) 考试人数
    → FROM study GROUP BY cno;
+---------+----------+----------+
| 课程号  | 平均分   | 考试人数 |
+---------+----------+----------+
| 01001   | 68.00000 |        5 |
| 01002   | 66.75000 |        4 |
| 01004   | 88.33333 |        3 |
| 11001   | 77.33333 |        3 |
| 11003   | 67.75000 |        4 |
| 11004   | 75.50000 |        2 |
| 21001   | 75.00000 |        1 |
| 21002   | 73.50000 |        2 |
| 21003   | 74.00000 |        2 |
| 21004   | 80.66667 |        3 |
| 21005   | 90.00000 |        1 |
| 21006   | 66.50000 |        2 |
| 31001   | 68.00000 |        1 |
| 31002   | 84.00000 |        1 |
| 31003   | 82.00000 |        1 |
| 31004   | 88.00000 |        1 |
| 41001   | 87.00000 |        1 |
| 41002   | 72.00000 |        1 |
+---------+----------+----------+
18 rows in set (0.00 sec)
```

图 5-24　查询每门课程的平均分和考试人数

3. HAVING 选项

如果要对分组的结果进行筛选，就要使用 HAVING <分组条件> 选项，该选项要放在 GROUP BY 子句后。

说明：

(1) HAVING 选项只能配合 GROUP BY 使用。

(2) HAVING 选项和 WHERE 子句可以同时使用。WHERE 子句是在分组前对记录进行筛选，HAVING 选项是对分组结果进行限制。

(3) HAVING 选项中的条件可以使用聚合函数，而 WHERE 子句中不能使用聚合函数。

【例 5-25】 查询课程平均分在 80 分及以上的课程信息。

该查询需要对分组进行筛选，可以在例 5-24 的 GROUP BY 子句中增加 HAVING AVG(score)>=80 对分组进行限制。

本例操作命令如下：

```
SELECT cno 课程号 ,COUNT(*) 考试人数 ,AVG(score) 课程平均分
FROM study GROUP BY cno HAVING AVG(score)>=80;
```

查询结果如图 5-25 所示。

```
mysql> SELECT cno 课程号 ,COUNT(*) 考试人数 ,AVG(score) 课程平均分
    → FROM study
    → GROUP BY cno HAVING AVG(score)≥80;
+--------+----------+-----------+
| 课程号  | 考试人数  | 课程平均分  |
+--------+----------+-----------+
| 01004  |        3 |  88.33333 |
| 21004  |        3 |  80.66667 |
| 21005  |        1 |  90.00000 |
| 31002  |        1 |  84.00000 |
| 31003  |        1 |  82.00000 |
| 31004  |        1 |  88.00000 |
| 41001  |        1 |  87.00000 |
+--------+----------+-----------+
7 rows in set (0.00 sec)
```

图 5-25　使用 HAVING 选项查询课程平均分在 80 分及以上的课程信息

【例 5-26】 查询参加 2 门以上课程考试的学生信息。查询结果包括学号、考试课程数和平均分。

首先对 study 表按学号分组，对每个分组用 COUNT() 统计行数，并用 AVG() 求 score 列的平均值，再对每个分组的行数使用 HAVING 选项进行限定。

本例操作命令如下：

```
SELECT sno,COUNT(*),AVG(score)
FROM study GROUP BY sno HAVING COUNT(*)>2;
```

有时，在查询中既要对记录进行筛选，还要对分组进行限定。

【例 5-27】 统计开设学期已确定课程的课程数和平均课时，且每学期平均课时大于 60。

分析：先用 WHERE 子句筛选出课程表中开设学期非空的行，再对筛选后的结果按开设学期进行分组，统计各学期开设的课程数和平均课时，最后用 HAVING 选项对平均课时进行限定。

本例操作命令如下：

> SELECT term,COUNT(*),AVG(period)
>
> FROM course
>
> WHERE term IS NOT NULL
>
> GROUP BY term HAVING AVG(period)>60;

查询结果如图 5-26 所示。

```
mysql> SELECT term,COUNT(*),AVG(period)
    → FROM course
    → WHERE term IS NOT NULL
    → GROUP BY term HAVING AVG(period)>60;
+------+----------+------------+
| term | COUNT(*) | AVG(period) |
+------+----------+------------+
| 1    |        7 |    61.7143 |
| 2    |        4 |    64.0000 |
| 3    |        2 |    64.0000 |
+------+----------+------------+
3 rows in set (0.00 sec)
```

图 5-26　在查询中同时使用 WHERE 子句和 HAVING 选项

5.1.5　使用 ORDER BY 子句和 LIMIT 子句的查询

对查询结果集
进行排序

如果要对查询结果按照一定的顺序排列，可以使用 ORDER BY 子句；如果要限制查询结果的行数，可以使用 LIMIT 子句。

1. ORDER BY 子句

使用 ORDER BY 子句对查询结果进行排序，默认按升序排列。

格式：

> ORDER BY 字段名 1 [DESC], 字段名 2 [DESC]

说明：

(1) MySQL8.0 默认的字符集 utf8mb4 不支持中文排序，若要对中文字段排序，需要用 CONVERT() 函数将字段编码转换为支持中文的编码，如 GBK 编码。

(2)如果进行多字段排序，查询结果先按照第 1 个字段的值排序，第 1 个字段值相同的数据行，再按照第 2 个字段的值排序，依次类推。

(3)在 MySQL 中默认空值 (NULL) 最小。

【例 5-28】　查询课程的所有信息，按开设学期升序排序。

本例操作命令如下：

> SELECT * FROM course ORDER BY term;

【例 5-29】　查询学生的所有信息，查询结果先按性别升序排序，性别相同再按民族降序排序。

这是一个多重排序的查询。因为性别和民族字段值均为中文，排序时要用 CONVERT() 函数转换编码。

本例操作命令如下：

SELECT * FROM student

ORDER BY CONVERT(gender USING GBK),CONVERT(nation USING GBK) DESC;

查询结果如图 5-27 所示。

```
mysql> SELECT * FROM student
    -> ORDER BY CONVERT(gender USING GBK),CONVERT(nation USING GBK) DESC;
+----------+----------+--------+------------+--------+----------------------+---------+
| sno      | sname    | gender | birthday   | nation | subject              | classid |
+----------+----------+--------+------------+--------+----------------------+---------+
| 22230101 | 王一博   | 男     | 2003-11-16 | 回     | 计算机应用技术       | 222301  |
| 21110102 | 吴昊天   | 男     | 2002-03-17 | 汉     | 大数据与会计         | 211101  |
| 21211001 | 李明     | 男     | 2001-12-24 | 汉     | 大数据技术           | 212110  |
| 21450101 | 刘家林   | 男     | 2002-05-18 | 汉     | 工程造价             | 214501  |
| 22130201 | 林涛     | 男     | 2003-11-28 | 汉     | 大数据与财务管理     | 221302  |
| 22250301 | 郭志坚   | 男     | 2004-04-05 | 汉     | 数字媒体             | 222503  |
| 22320401 | 吴鑫     | 男     | 2004-02-02 | 汉     | 空中乘务             | 223204  |
| 22330101 | 王小辉   | 男     | 2004-03-20 | 傣     | 物流管理             | 223301  |
| 21220101 | 章炯     | 女     | 2001-11-10 | 壮     | 人工智能技术应用     | 212201  |
| 21120101 | 江山     | 女     | 2002-08-30 | 回     | 会计信息管理         | 211201  |
| 21110101 | 张宇飞   | 女     | 2002-01-14 | 汉     | 大数据与会计         | 211101  |
| 21320201 | 张晓英   | 女     | 2002-02-08 | 汉     | 跨境电子商务         | 213202  |
| 22110102 | 夏子怡   | 女     | 2003-12-06 | 汉     | 大数据与会计         | 221101  |
| 22210101 | 张开琪   | 女     | 2003-09-27 | 汉     | 大数据技术           | 222101  |
| 22420101 | 孙月茹   | 女     | 2004-06-29 | 汉     | 金融科技应用         | 224201  |
| 22110101 | 李丽     | 女     | 2004-02-23 | 侗     | 大数据与会计         | 221101  |
+----------+----------+--------+------------+--------+----------------------+---------+
16 rows in set (0.01 sec)
```

图 5-27　多字段排序

2. LIMIT 子句

使用 LIMIT 子句可以设定查询结果的起始行和总行数，还可以进行分页查询。

格式：

LIMIT [< 位置偏移量 >,] < 行数 >

说明：

表中第 1 条记录的位置偏移量默认为 0(可省略)。当表中记录较多时，可以使用 LIMIT 子句进行分页查询。

【例 5-30】　查询 student 表前 3 条记录的内容。

本例操作命令如下：

SELECT * FROM student LIMIT 0,3;

或者

SELECT * FROM student LIMIT 3;

【例 5-31】　查看 study 表的内容，每页显示 10 条记录，查询前 3 页。

第 1 页记录起始行为 0，显示 10 行，对应的 SELECT 语句如下：

SELECT * FROM study LIMIT 0,10;

第 2 页记录起始行为 10，显示 10 行，对应的 SELECT 语句如下：

SELECT * FROM study LIMIT 10,10;

第 3 页记录起始行为 20，显示 10 行，对应的 SELECT 语句如下：

SELECT * FROM study LIMIT 20,10;

3. ORDER BY 子句和 LIMIT 子句配合使用

【例 5-32】　查询 study 表中成绩较好的前 3 名的所有信息。

本例操作命令如下：

> SELECT * FROM study ORDER BY score DESC LIMIT 3;

查询结果如图 5-28 所示。

```
mysql> SELECT * FROM study ORDER BY score DESC LIMIT 3;
+----------+-------+-------+
| sno      | cno   | score |
+----------+-------+-------+
| 22210101 | 01004 | 91.0  |
| 22420101 | 01001 | 90.0  |
| 22250301 | 21005 | 90.0  |
+----------+-------+-------+
3 rows in set (0.00 sec)
```

图 5-28 ORDER BY 子句和 LIMIT 子句配合使用的查询

【例 5-33】 查询年龄最大学生的学号、姓名、出生日期及所学专业信息。

该查询可按出生日期升序排序，显示查询结果第 1 行即可。

本例操作命令如下：

> SELECT sno,sname,birthday,subject FROM student
>
> ORDER BY birthday LIMIT 1;

任务 5.2 多 表 查 询

任务 5.1 中的查询都是针对单表进行的。数据库应用系统中的数据通常存储在不同的表中，如果一个查询需要的数据要从多个表中选择，就需要使用多表连接查询。多表连接查询实际上是通过各个表之间共有列的关联性来查询数据的，这是关系数据库查询最主要的特征。

MySQL 中的多表连接查询主要包括交叉连接查询、内连接查询和外连接查询 3 种。

5.2.1 交叉连接查询

交叉连接 (CROSS JOIN) 命令就是将连接的两个表的所有行进行组合，即将表 1 的每行分别与表 2 的每行进行组合形成一个新的数据行，连接后生成的结果集的行数是两表行数的乘积，列数是两表列数之和。

交叉连接返回两个表所有数据行的笛卡尔积，在实际应用中一般没有任何意义。有以下两种语法格式，其中 SQL 标准语法适用于跨 DBMS 系统应用的情况。

MySQL 语法格式：

> SELECT < 字段名表 > FROM 表 1, 表 2

SQL 标准语法：

> SELECT < 字段名表 > FROM 表 1 CROSS JOIN 表 2

【例 5-34】 对 class、student 两表进行交叉连接，观察连接后的结果。

本例操作命令如下：

```
SELECT * FROM class,student;
```

或者

```
SELECT * FROM class CROSS JOIN student;
```

5.2.2 内连接查询

内连接查询

内连接 (INNER JOIN) 查询命令是最典型、最常用的多表连接查询，它是指比较运算符设置连接条件，只返回满足连接条件的数据行，是将交叉连接生成的结果集按照连接条件进行过滤形成的。内连接包括 3 种类型：等值连接、非等值连接和自然连接。

等值连接在连接条件中使用"="运算符比较被连接列的列值，其查询结果包含被连接表的所有列，包括重复列，两个表的连接条件通常为"表 1. 主键 = 表 2. 外键"；非等值连接就是在连接条件中使用了除"="运算符之外的其他比较运算符比较被连接列的列值；自然连接就是去掉重复值的等值连接（常用）。

MySQL 语法格式：

```
SELECT < 字段名表 > FROM 表 1, 表 2
WHERE 表 1. 列名 = 表 2. 列名  [AND < 筛选条件 >]
SQL 标准语法：
SELECT < 字段名表 >
FROM 表 1 [INNER] JOIN 表 2 ON 表 1. 列名 = 表 2. 列名
[WHERE < 筛选条件 >]
```

说明：

(1) 在 SELECT 子句中，若有两个表共有的同名列，则必须在列名前加上表名以示区分，用"表名 . 列名"表示。

(2) SQL 标准语法中的 INNER 关键字可以省略。

1. 基于两个表的内连接查询

【例 5-35】 查询学生的班级信息，查询结果包括学号、姓名、性别和班级名称。

查询结果包含 4 列，其中，sno、sname 和 gender 字段在 student 表中，classname 字段在 class 表中，要完成该查询至少需要 student 表和 class 表，两表的共有列是 classid，连接条件为"class.classid=student.classid"，使用内连接查询。

对应的 SELECT 语句如下：

```
SELECT sno,sname,gender,classname
FROM student,class
WHERE class.classid=student.classid;
```

或者

```
SELECT sno,sname,gender,classname
FROM student JOIN class ON class.classid=student.classid;
```

查询结果如图 5-29 所示。

```
mysql> SELECT sno,sname,gender,classname
    → FROM student JOIN class ON class.classid=student.classid;
+----------+----------+--------+------------------+
| sno      | sname    | gender | classname        |
+----------+----------+--------+------------------+
| 21110101 | 张宇飞   | 女     | 21大数据与会计1班 |
| 21110102 | 吴昊天   | 男     | 21大数据与会计1班 |
| 21120101 | 江山     | 女     | 21会计信息管理1班 |
| 21211001 | 李明     | 男     | 21大数据10班      |
| 21220101 | 章炯     | 女     | 21人工智能1班     |
| 21320201 | 张晓英   | 女     | 21跨境电商2班     |
| 21450101 | 刘家林   | 男     | 21工程造价1班     |
| 22110101 | 李丽     | 女     | 22大数据与会计1班 |
| 22110102 | 夏子怡   | 女     | 22大数据与会计1班 |
| 22130201 | 林涛     | 男     | 22大数据与财管2班 |
| 22210101 | 张开琪   | 女     | 22大数据1班       |
| 22230101 | 王一博   | 男     | 22计算机应用1班   |
| 22250301 | 郭志坚   | 男     | 22数字媒体3班     |
| 22320401 | 吴鑫     | 男     | 22空中乘务4班     |
| 22330101 | 王小辉   | 男     | 22物流管理1班     |
| 22420101 | 孙月茹   | 女     | 22金融科技应用1班 |
+----------+----------+--------+------------------+
16 rows in set (0.00 sec)
```

图 5-29　基于两表的内连接查询

【例 5-36】 查询所有男生所在的班级信息，查询结果包括学号、姓名、性别和所在班级的名称。

在例 5-35 的 WHERE 子句中增加筛选条件 gender=' 男 ' 即可。

本例操作命令如下：

```
SELECT sno,sname,gender,classname
FROM student,class
WHERE class.classid=student.classid AND gender=' 男 ';
```

或者

```
SELECT sno,sname,gender,classname
FROM student JOIN class ON class.classid=student.classid
WHERE gender=' 男 ';
```

【例 5-37】 查询学生各门课程的成绩，查询结果包括学号、姓名、课程号和成绩。

完成本查询需要用到 student 和 study 两个表，这是关于两个表的连接查询。两表连接条件为"student.sno=study.sno"，共有字段是 sno，要用 student.sno 或 study.sno 进行标识，否则，会出现如图 5-30 所示的错误。

```
mysql> SELECT sno sname,cno,score
    → FROM student JOIN study ON student.sno=study.sno;
ERROR 1052 (23000): Column 'sno' in field list is ambiguous
```

图 5-30　两表共有字段未标识时的出错提示

正确的 SELECT 语句如下：

```
SELECT student.sno,sname,cno,score
FROM student,study
WHERE student.sno=study.sno;
```

或者

```
SELECT study.sno,sname,cno,score

FROM student JOIN study ON student.sno=study.sno;
```

2. 基于三个表的内连接查询

内连接查询不仅可以连接两个表，还可以实现两个以上表的连接，其原理和两个表的连接查询是一样的，这样可以查询到更多需要的信息。

【例 5-38】 查询所有学生各门课程的考试成绩，查询结果包括学号、姓名、课程号、课程名和成绩。

姓名字段 sname 在 student 表中，课程名字段 cname 在 course 表中，成绩字段 score 在 study 表中；student、study 表中均有学号字段 sno，course、study 表中均有课程号字段 cno，这是关于 3 个表的连接查询。

本例操作命令如下：

```
SELECT student.sno,sname,course.cno,cname,score

FROM student,study,course

WHERE student.sno=study.sno AND course.cno=study.cno;
```

或者

```
SELECT student.sno,sname,course.cno,cname,score

FROM student JOIN study JOIN course

ON student.sno=study.sno AND course.cno=study.cno;
```

3. 自连接查询

在信息查询时，有时候需要将表与其自身进行连接，即自连接。这时，就需要对表设置别名以示区分。自连接是一种特殊的内连接。

【例 5-39】 查询和"张宇飞"同班学生的学号、姓名、性别和所在班级号，张宇飞本人不出现在查询结果中。

本例操作命令如下：

```
SELECT b.sno,b.sname,b.gender,b.classid

FROM student a,student b

WHERE a.classid=b.classid AND a.sname=' 张宇飞 ' AND b.sname<>' 张宇飞 ';
```

或者

```
SELECT b.sno,b.sname,b.gender,b.classid

FROM student a JOIN student b ON a.classid=b.classid

WHERE a.sname=' 张宇飞 ' AND b.sname<>' 张宇飞 ';
```

查询结果如图 5-31 所示。

```
mysql> SELECT b.sno,b.sname,b.gender,b.classid
    → FROM student a JOIN student b ON a.classid=b.classid
    → WHERE  a.sname='张宇飞' AND b.sname<>'张宇飞';
+----------+--------+--------+---------+
| sno      | sname  | gender | classid |
+----------+--------+--------+---------+
| 21110102 | 吴昊天  | 男     | 211101  |
+----------+--------+--------+---------+
1 row in set (0.00 sec)
```

图 5-31　自连接查询

5.2.3 外连接查询

内连接可能会产生信息的丢失。例如，查询学生的选课信息，若有学生没有选课，则这些学生的信息就不会出现在查询结果中。那么，要查看所有学生的选课情况，可以通过外连接查询来实现。

外连接 (OUTER JOIN) 查询中参与查询的两个表有主从之分，这是其与内连接查询最大的不同。外连接查询会返回主表的所有记录，根据连接条件有选择地返回从表的记录，不符合连接条件的列则填充空值 NULL 后返回到结果集里。

外连接通常分为左外连接 (LEFT OUTER JOIN) 和右外连接 (RIGHT OUTER JOIN)，其中，OUTER 关键字可省略。

1. 左外连接

在左外连接查询中，左表是主表，右表是从表。查询结果中包括左表的所有行，对左表中和右表的不匹配行，将右表的对应列值设置为 NULL。

语法格式：

> SELECT < 字段列表 >
>
> FROM 表 1 LEFT JOIN 表 2 ON < 连接条件 >

说明：

(1) 表 1 为左表，是主表；表 2 为右表，是从表。

(2) LEFT JOIN 是 LEFT OUTER JOIN 的省略形式，OUTER 省略后效果一样。

【例 5-40】 查看所有课程的成绩信息，显示课程号、课程名、学号和成绩，没有学生选修的课程也要显示。

根据题目要求，student 表是主表 (左表)，study 表是从表。

本例操作命令如下：

> SELECT student.sno,sname,sno,score
>
> FROM student LEFT JOIN study ON student.sno=study.sno;

查询结果如图 5-32 所示。

```
mysql> SELECT course.cno,cname,sno,score
    → FROM course LEFT JOIN study ON course.cno=study.cno;
+-------+--------------------+----------+-------+
| cno   | cname              | sno      | score |
+-------+--------------------+----------+-------+
| 01001 | 经济数学           | 22110101 | 62.0  |
| 01001 | 经济数学           | 22110102 | 60.0  |
| 01001 | 经济数学           | 22130201 | 50.0  |
| 01001 | 经济数学           | 22330101 | 78.0  |
| 01001 | 经济数学           | 22420101 | 90.0  |
| 01002 | 大学英语           | 22210101 | 45.0  |
| 01002 | 大学英语           | 22230101 | 56.0  |
| 01002 | 大学英语           | 22250301 | 88.0  |
| 01002 | 大学英语           | 22320401 | 78.0  |
| 01003 | 国学经典           | NULL     | NULL  |
| 01004 | 思想道德与法治     | 22130201 | 88.0  |
| 01004 | 思想道德与法治     | 22210101 | 91.0  |
| 01004 | 思想道德与法治     | 22420101 | 86.0  |
| 11001 | 基础会计           | 22110101 | 87.0  |
| 11001 | 基础会计           | 22110102 | 66.0  |
| 11001 | 基础会计           | 22130201 | 79.0  |
| 11002 | 财务会计           | NULL     | NULL  |
| 11003 | 财务管理           | 21110101 | 80.0  |
| 11003 | 财务管理           | 21110102 | 52.0  |
| 11003 | 财务管理           | 21120101 | 73.0  |
| 11003 | 财务管理           | 21450101 | 66.0  |
| 11004 | 成本会计           | 21110101 | 66.0  |
| 11004 | 成本会计           | 21110102 | 85.0  |
| 21001 | 计算机网络         | 22230101 | 75.0  |
```

图 5-32 左外连接查询所有课程的学生成绩 (部分结果)

在查询结果中，sno 列和 score 列为 NULL，说明该行对应的课程没有学生选修。

2. 右外连接

在右外连接查询中，左表是从表，右表是主表。查询结果中包括右表的所有行，对右表中和左表的不匹配行，将左表的对应列值设置为 NULL。

语法格式：

> SELECT < 字段列表 >
>
> FROM 表 1 RIGHT JOIN 表 2 ON < 连接条件 >

说明：

表 1 为左表，是从表；表 2 为右表，是主表。

左外连接和右外连接可以相互替代实现。

【例 5-41】 使用右连接方式查看所有班级的学生信息，显示班级的所有列及其对应班级学生的信息，没有学生的班级也要显示。

根据题目要求，确定 class 表是主表（右表），student 表是从表。

本例操作命令如下：

> SELECT class.*,sno,sname
>
> FROM student RIGHT JOIN class ON student.classid=class.classid;

查询结果如图 5-33 所示。

```
mysql> SELECT class.*,sno,sname
    → FROM student RIGHT JOIN class ON student.classid=class.classid;
+---------+------------------+--------------+----------+----------+
| classid | classname        | department   | sno      | sname    |
+---------+------------------+--------------+----------+----------+
| 211101  | 21大数据与会计1班  | 会计学院      | 21110101 | 张宇飞    |
| 211101  | 21大数据与会计1班  | 会计学院      | 21110102 | 吴昊天    |
| 211201  | 21会计信息管理1班  | 会计学院      | 21120101 | 江山      |
| 212110  | 21大数据10班       | 大数据学院    | 21211001 | 李明      |
| 212201  | 21人工智能1班      | 大数据学院    | 21220101 | 章炯      |
| 213202  | 21跨境电商2班      | 商学院        | 21320201 | 张晓英    |
| 214501  | 21工程造价1班      | 经金学院      | 21450101 | 刘家林    |
| 214502  | 21工程造价2班      | 经金学院      | NULL     | NULL     |
| 221101  | 22大数据与会计1班  | 会计学院      | 22110101 | 李丽      |
| 221101  | 22大数据与会计1班  | 会计学院      | 22110102 | 夏子怡    |
| 221301  | 22大数据与财管1班  | 会计学院      | NULL     | NULL     |
| 221302  | 22大数据与财管2班  | 会计学院      | 22130201 | 林涛      |
| 222101  | 22大数据1班        | 大数据学院    | 22210101 | 张开琪    |
| 222301  | 22计算机应用1班    | 大数据学院    | 22230101 | 王一博    |
| 222503  | 22数字媒体3班      | 大数据学院    | 22250301 | 郭志坚    |
| 223204  | 22空中乘务4班      | 商学院        | 22320401 | 吴鑫      |
| 223301  | 22物流管理1班      | 商学院        | 22330101 | 王小辉    |
| 224201  | 22金融科技应用1班  | 经金学院      | 22420101 | 孙月茹    |
+---------+------------------+--------------+----------+----------+
18 rows in set (0.00 sec)
```

图 5-33　右连接查询

总结：内连接查询的结果集里包含满足两表连接条件的内容，左外连接查询的结果集里包含内连接和左表中失配的行，右外连接查询的结果集里包含内连接和右表中失配的行。

任务 5.3　子　查　询

在进行数据检索时，有时需要用另一个查询的结果作为条件或数据源，这种情况可以通过子查询来实现。

　　子查询也称嵌套查询，是一个独立完整的 SELECT 语句包含在另一个 SELECT 语句中，通常作为该查询的 WHERE 子句的一部分。子查询总是写在一对圆括号中，包含子查询的查询称为父查询。子查询和父查询可以是同一个表，也可以是相关联的两个表。

　　子查询可以嵌套，执行时由内向外。首先执行子查询，其查询结果并不显示，而是传递给上一级父查询，并作为父查询的查询条件来使用。

　　子查询通常与比较运算符、IN 运算符和 EXISTS 谓词结合使用，对应的形式有比较子查询、IN 子查询和 EXISTS 子查询。

5.3.1　比较子查询

　　父查询和子查询之间用比较运算符连接。

1. 比较子查询

比较子查询适用于子查询最多返回一个值的情况。

【例 5-42】　查询高于平均分的成绩信息。

先查询 study 表，得到平均分。

```
SELECT AVG(score) FROM study;
```

再利用 WHERE 子句筛选出高于平均分的成绩信息。

```
SELECT * FROM study WHERE score>(SELECT AVG(score) FROM study);
```

查询结果如图 5-34 所示。

```
mysql> SELECT AVG(score) FROM study;
+------------+
| AVG(score) |
+------------+
|   74.78947 |
+------------+
1 row in set (0.00 sec)

mysql> SELECT * FROM study WHERE score>(SELECT AVG(score) FROM study);
+----------+-------+-------+
| sno      | cno   | score |
+----------+-------+-------+
| 21110101 | 11003 |  80.0 |
| 21110102 | 11004 |  85.0 |
| 21120101 | 21004 |  88.0 |
| 21211001 | 21003 |  77.0 |
| 21211001 | 21004 |  82.0 |
| 21211001 | 21006 |  78.0 |
| 21320201 | 31002 |  84.0 |
| 21320201 | 31004 |  88.0 |
| 22110101 | 11001 |  87.0 |
| 22130201 | 01004 |  88.0 |
| 22130201 | 11001 |  79.0 |
| 22210101 | 01004 |  91.0 |
| 22210101 | 21002 |  85.0 |
| 22230101 | 21001 |  75.0 |
| 22250301 | 01002 |  88.0 |
| 22250301 | 21005 |  90.0 |
| 22320401 | 01002 |  78.0 |
| 22320401 | 31003 |  82.0 |
| 22330101 | 01001 |  78.0 |
| 22420101 | 01001 |  90.0 |
| 22420101 | 01004 |  86.0 |
| 22420101 | 41001 |  87.0 |
+----------+-------+-------+
22 rows in set (0.00 sec)
```

图 5-34　比较子查询 (1)

【例 5-43】　查询年龄比"李丽"大的学生的学号、姓名和出生日期。

先查询"李丽"的出生日期。

```
SELECT birthday FROM student WHERE sname=' 李丽 ';
```

再利用 WHERE 子句筛选出比"李丽"的出生日期小的学生信息。

```
SELECT sno,sname,birthday FROM student
WHERE birthday<(SELECT birthday FROM student WHERE sname=' 李丽 ');
```

查询结果如图 5-35 所示。

```
mysql> SELECT sno,sname,birthday FROM student
    → WHERE birthday<(SELECT birthday FROM student WHERE sname='李丽');
+----------+----------+------------+
| sno      | sname    | birthday   |
+----------+----------+------------+
| 21110101 | 张宇飞   | 2002-01-14 |
| 21110102 | 吴昊天   | 2002-03-17 |
| 21120101 | 江山     | 2002-08-30 |
| 21211001 | 李明     | 2001-12-24 |
| 21220101 | 章炯     | 2001-11-10 |
| 21320201 | 张晓英   | 2002-02-08 |
| 21450101 | 刘家林   | 2002-05-18 |
| 22110102 | 夏子怡   | 2003-12-06 |
| 22130201 | 林涛     | 2003-11-28 |
| 22210101 | 张开琪   | 2003-09-27 |
| 22230101 | 王一博   | 2003-11-16 |
| 22320401 | 吴鑫     | 2004-02-02 |
+----------+----------+------------+
12 rows in set (0.00 sec)
```

图 5-35　比较子查询 (2)

此例中，当查询的学生不存在时 (如将姓名改为"李亮")，子查询的结果为空，故查询结果返回空集合 (Empty Set)。

【例 5-44】　查询"经济数学"课程的学生成绩，显示课程号、学号和成绩。

先查询"经济数学"课程的课程号。

```
SELECT cno FROM course WHERE cname=' 经济数学 ';
```

再利用 WHERE 子句筛选出 study 表中对应的课程号、学号和成绩。

```
SELECT cno,sno,score
FROM study WHERE cno=(SELECT cno FROM course WHERE cname=' 经济数学 ');
```

2. 批量比较子查询

当子查询返回多个单列值时，父查询和子查询之间又需要用比较运算符进行连接，此时，可以在子查询前加上谓词 ANY 或 ALL 实现批量比较。

比较子查询

1) 使用 ANY 谓词

将一个表达式的值与子查询返回的一列值进行逐个比较，只要有一次比较的结果为 True，则 ANY 测试返回 True。

【例 5-45】　查询会计学院的学生信息，结果包括学号、姓名和所在班级号。

先查询班级表 class 中会计学院的班级号，返回的班级号有多个。

```
SELECT classid FROM class WHERE department=' 会计学院 ';
```

只要 student 表中的班级号 classid 和子查询中某个班级号相等，则该班级学生的相关信息就会出现在查询结果集里。

> SELECT sno,sname,classid FROM student
>
> WHERE classid=any(SELECT classid FROM class WHERE department=' 会计学院 ');

查询结果如图 5-36 所示。

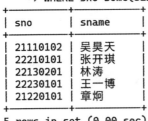

```
mysql> SELECT sno,sname,classid FROM student
    → WHERE classid=any(SELECT classid FROM class WHERE department='会计学院');
+----------+--------+---------+
| sno      | sname  | classid |
+----------+--------+---------+
| 21110101 | 张宇飞 | 211101  |
| 21110102 | 吴昊天 | 211101  |
| 21120101 | 江山   | 211201  |
| 22110101 | 李丽   | 221101  |
| 22110102 | 夏子怡 | 221101  |
| 22130201 | 林涛   | 221302  |
+----------+--------+---------+
6 rows in set (0.00 sec)
```

图 5-36　使用 ANY 谓词查询会计学院的学生信息

【例 5-46】　查询有不及格成绩的学生学号和姓名。

先查询有不及格成绩的学生学号。

> SELECT sno FROM study WHERE score<60;

再将 student 表中的学号与子查询中的学号逐个比较，只要有相等的情况，该学号对应的学生信息就会出现在查询结果集里。

> SELECT sno,sname FROM student
>
> WHERE sno=some(select sno FROM study WHERE score<60);

查询结果如图 5-37 所示。

```
mysql> SELECT sno,sname FROM student
    → WHERE sno=some(SELECT sno FROM study WHERE score<60);
+----------+--------+
| sno      | sname  |
+----------+--------+
| 21110102 | 吴昊天 |
| 22210101 | 张开琪 |
| 22130201 | 林涛   |
| 22230101 | 王一博 |
| 21220101 | 章炯   |
+----------+--------+
5 rows in set (0.00 sec)
```

图 5-37　使用 ANY 谓词查询不及格成绩的学生

2) 使用 ALL 谓词

将一个表达式的值与子查询返回的一列值进行逐个比较，如果每次比较的结果都为 True，则 ALL 测试返回 True。

【例 5-47】　查询成绩都及格的学生学号和姓名。

先查询成绩不及格的学生的学号。

> SELECT sno FROM study WHERE score<60;

再将 student 表中的学号和子查询的每个学号逐个比较，如果都不相等，则说明该学号对应的学生的成绩都及格。

> SELECT sno,sname FROM student
>
> WHERE sno<>ALL(SELECT sno FROM study WHERE score<60);

查询结果如图 5-38 所示。

```
mysql> SELECT sno,sname FROM student
    -> WHERE sno<>ALL(SELECT sno FROM study WHERE score<60);
+----------+----------+
| sno      | sname    |
+----------+----------+
| 21450101 | 刘家林   |
| 22320401 | 吴鑫     |
| 22110102 | 夏子怡   |
| 22420101 | 孙月茹   |
| 21110101 | 张宇飞   |
| 21320201 | 张晓英   |
| 22110101 | 李丽     |
| 21211001 | 李明     |
| 21120101 | 江山     |
| 22330101 | 王小辉   |
| 22250301 | 郭志坚   |
+----------+----------+
11 rows in set (0.00 sec)
```

图 5-38　使用 ALL 谓词查询成绩都及格的学生

5.3.2　IN 子查询

IN 子查询

当子查询返回单列多行同类型值时，使用 IN 或 NOT IN 运算符查询更简单。

【例 5-48】　使用 IN 子查询完成例 5-45。

本例操作命令如下：

> SELECT sno,sname,classid FROM student
>
> WHERE classid IN(SELECT classid FROM class WHERE department=' 会计学院 ');

【例 5-49】　使用 IN 子查询完成例 5-46。

本例操作命令如下：

> SELECT sno,sname FROM student
>
> WHERE sno IN(SELECT sno FROM study WHERE score<60);

5.3.3　EXISTS 子查询

EXISTS 子查询是指在子查询前加上 EXISTS 或 NOT EXISTS 运算符，该运算符和后面的子查询构成 EXISTS 表达式，用于检测子查询的结果是否非空，如果是则返回真 (True)，否则返回假 (False)。

【例 5-50】　使用 EXISTS 子查询完成例 5-45。

本例操作命令如下：

> SELECT sno,sname,classid FROM student
>
> WHERE EXISTS(SELECT * FROM class WHERE department=' 会计学院 ' and student.classid=class.classid);

【例 5-51】　使用 EXISTS 子查询完成例 5-46。

本例操作命令如下：

```
SELECT sno,sname FROM student
WHERE EXISTS(SELECT * FROM study WHERE score<60 AND student.sno=study.sno);
```

实际应用中，有些子查询还可以通过内连接查询实现。至于在什么情况下使用连接查询和子查询，可以参考以下原则：

(1) 当要查询的结果来自多个表时，使用内连接查询。

(2) 当要查询的结果来自一个表，但其 WHERE 子句中的条件涉及另一个表时，通常使用子查询。

(3) 当要查询的结果和 WHERE 子句中的条件都只涉及同一个表，但在 WHERE 子句的查询条件中应用聚合函数进行数值比较时，一般使用子查询。

对例 5-45，还可以使用内连接查询实现，其操作命令如下：

```
SELECT sno,sname,class.classid FROM student,class
WHERE student.classid=class.classid AND department=' 会计学院 ';
```

任务 5.4　合并结果集

联合查询

合并结果集也称联合查询，就是通过 UNION 运算符将多个 SELECT 语句合并成一个结果集，等同于将多个相似的选择结果组合到一起。

其语法格式如下：

```
SELECT 语句 1
UNION [ALL]
SELECT 语句 2
```

说明：

(1) 两个 SELECT 语句的字段个数必须相同，字段数据类型必须相同或兼容。

(2) 合并后的结果集里的字段名是 SELECT 语句 1 中的字段名，如果要改变查询结果的显示名称，则必须在第一个 SELECT 语句中指定。

(3) 只能在 SELECT 语句 2 中使用 ORDER BY 子句，且排序字段名必须使用第一个 SELECT 语句中的字段名。

(4) 省略 ALL 选项时，默认为 DISTINCT，会去掉合并后的结果集里的重复行。

【例 5-52】 查询男生的 sno、sname 和 gender 信息，查询女生的信息也是这 3 项，但分别对其定义了别名：学号、姓名和性别。将这两个查询结果进行合并。

```
SELECT sno,sname,gender FROM student WHERE gender=' 男 '
union
SELECT sno 学号 ,sname 姓名 ,gender 性别 FROM student WHERE gender=' 女 ';
```

查询结果如图 5-39 所示。

```
mysql> SELECT sno,sname,gender FROM student WHERE gender='男'
    → UNION
    → SELECT sno 学号,sname 姓名,gender 性别 FROM student WHERE gender='女';
+----------+----------+--------+
| sno      | sname    | gender |
+----------+----------+--------+
| 21110102 | 吴昊天    | 男     |
| 21211001 | 李明      | 男     |
| 21450101 | 刘家林    | 男     |
| 22130201 | 林涛      | 男     |
| 22230101 | 王一博    | 男     |
| 22250301 | 郭志坚    | 男     |
| 22320401 | 吴鑫      | 男     |
| 22330101 | 王小辉    | 男     |
| 21110101 | 张宇飞    | 女     |
| 21120101 | 江山      | 女     |
| 21220101 | 章炯      | 女     |
| 21320201 | 张晓英    | 女     |
| 21110101 | 李丽      | 女     |
| 22110102 | 夏子怡    | 女     |
| 22210101 | 张开琪    | 女     |
| 22420101 | 孙月茹    | 女     |
+----------+----------+--------+
16 rows in set (0.00 sec)
```

图 5-39　联合查询

从查询的结果看，合并后的结果集的列标题是第一个 SELECT 语句中的字段名。

【例 5-53】　对例 5-52 要求合并后的结果集的列标题为学号、姓名和性别，并按性别字段降序排序。

> SELECT sno 学号 ,sname 姓名 ,gender 性别 FROM student WHERE gender=' 男 '
>
> UNION
>
> SELECT sno,sname,gender FROM student WHERE gender=' 女 '
>
> ORDER BY CONVERT(性别 USING GBK) DESC;

查询结果如图 5-40 所示。

```
mysql> SELECT sno 学号,sname 姓名,gender 性别 FROM student WHERE gender='男'
    → UNION
    → SELECT sno,sname,gender FROM student WHERE gender='女'
    → ORDER BY CONVERT(性别 USING GBK) DESC;
+----------+----------+--------+
| 学号      | 姓名      | 性别    |
+----------+----------+--------+
| 21110101 | 张宇飞    | 女     |
| 21120101 | 江山      | 女     |
| 21220101 | 章炯      | 女     |
| 21320201 | 张晓英    | 女     |
| 22110101 | 李丽      | 女     |
| 22110102 | 夏子怡    | 女     |
| 22210101 | 张开琪    | 女     |
| 22420101 | 孙月茹    | 女     |
| 21110102 | 吴昊天    | 男     |
| 21211001 | 李明      | 男     |
| 21450101 | 刘家林    | 男     |
| 22130201 | 林涛      | 男     |
| 22230101 | 王一博    | 男     |
| 22250301 | 郭志坚    | 男     |
| 22320401 | 吴鑫      | 男     |
| 22330101 | 王小辉    | 男     |
+----------+----------+--------+
16 rows in set (0.00 sec)
```

图 5-40　在联合查询中使用 ORDER BY 子句进行排序

从查询的结果看，合并后的结果集字段名是第一个 SELECT 语句的列名，排序字段名使用第一个 SELECT 语句中的列名"性别"，要对性别列降序排序 (女在前，男在后)，则要使用 CONVERT() 函数将性别字段编码转换为支持中文排序的 GBK 编码。

课 后 练 习

一、单选题

1. "SELECT eid,ename,sex FROM emp LIMIT 2,2;"语句的执行结果是 (   )。

A. 返回了两行数据，分别是表中的第 1 条和第 2 条记录

B. 返回了两行数据，分别是表中的第 2 条和第 3 条记录

C. 返回了两行数据，分别是表中的第 3 条和第 4 条记录

D. 返回了两行数据，分别是表中的第 4 条和第 5 条记录

2. 在 MySQL 中，SELECT 语句内连接通常使用关键字 (   )。

A. JOIN INTO   B. INNER JOIN

C. OUTER JOIN   D. CROSS JOIN

3. 对学生选课表 sc(sno,cno,grade)(学号 , 课程号 , 成绩) 按课程号 cno 分组，并对每一组取成绩 grade 的平均值的是 (   )。

A. SELECT AVG(grade) FROM sc

B. SELECT AVG(grade) FROM sc ORDER BY cno

C. SELECT cno, AVG(grade) FROM sc GROUP BY cno

D. SELECT AVG(grade) FROM sc GROUP BY grade,cno

4. 子查询的结果不止一个值时，可以使用运算符 (   )。

A. IN   B. LIKE

C. =   D. >

5. SELECT 语句中与 HAVING 选项同时使用的是 (   ) 子句。

A. ORDER BY   B. WHERE

C. GROUP BY   D. LIMIT

二、填空题

1. 如果要去掉查询结果集里的重复行，可以使用 _____。

2. 在 SELECT 语句的 WHERE 子句中，通配符"%"匹配 _____ 个字符。

3. 聚合函数不能出现在 SELECT 语句的 _____ 子句中。

4. 外连接查询通常包括 _____ 和 _____ 两种。

5. 联合查询使用的运算符是 _____。

知识延伸

Python 连接 Linux 中的 MySQL 数据库并进行多表查询，是数据分析和处理中常见

的操作。在 Linux 系统中，MySQL 数据库通常作为服务运行，可以通过 Python 程序连接到这个服务。连接过程需要提供数据库的地址、端口、用户名和密码等信息。一旦连接成功，就可以使用 Python 执行 SQL 语句，对数据库进行查询、插入、更新和删除等操作。

多表查询是数据库操作中较为复杂的一种。它涉及多个表之间的关联和数据的整合。在 Python 中，可以通过编写 SQL 语句来实现多表查询。SQL 语句可以包含 JOIN、WHERE 等子句，用于指定表之间的关联条件和筛选条件。

下面是一个具体的示例，展示如何使用 Python 连接 Linux 中的 MySQL 数据库并进行多表查询。首先创建两个表：dept 表和 emp 表。

1. dept 表

操作命令如下：

```
CREATE TABLE dept (
 dept1 varchar(10) DEFAULT NULL,
 dept_name varchar(20) DEFAULT NULL
) ENGINE=InnoDB DEFAULT CHARSET=latin1;
```

插入图 5-41 所示的数据。

图 5-41　dept 表插入数据

2. emp 表

操作命令如下：

```
CREATE TABLE `emp` (
 `id` varchar(10) DEFAULT NULL,
 `name` varchar(25) DEFAULT NULL,
 `age` varchar(10) DEFAULT NULL,
 `worktime` varchar(10) DEFAULT NULL,
 `dept2` varchar(10) DEFAULT NULL,
 `incoming` int(10) DEFAULT NULL
) ENGINE=InnoDB DEFAULT CHARSET=latin1;
```

插入图 5-42 所示的数据。

对象 | dept @test (liunx_mysql) - 表 | emp @test (liunx_mysql) - 表

开始事务 | 文本 | 筛选 | 排序 | 导入 | 导出 | 数据生成 | 创建图表

id	name	age	worktime	dept2	incoming
1500	wangyi	25	2022/2/1	101	8900
1501	hufei	27	2022/3/1	102	7500
1502	heisen	30	2022/3/20	102	8900
1503	huahudie	25	2022/8/9	102	9000
1504	baimu	25	2022/01/01	103	4000
1505	leilei	27	2016/05/09	106	27800
1506	liuxiaoyi	28	2017/05/09	105	16000
1507	haiwu	27	2018/09/06	104	6300

图 5-42 emp 表插入数据

在 Python 中连接 Liunx 里的 MySQL 数据库，相关操作命令如下：

```
import pymysql
db = pymysql.connect(host='192.168.52.129',  # 数据库的 IP 地址
            user='root', # 连接名
            passwd='', # 你的密码
            database='test', # 数据库名称
            port=3306) # 端口号
curs = db.CURSOR()
```

1. 列出每个部门里有那些员工及部门名称

操作命令如下：

```
sql1 ='SELECT name,dept_name FROM dept LEFT JOIN emp ON dept.dept1 = emp.dept2;'
curs.execute(sql1)
print(curs.fetchall())
```

2. 运维部门的收入总和

操作命令如下：

```
sql1 ='SELECT sum(incoming) FROM dept LEFT JOIN emp ON dept.dept1 = emp.dept2 WHERE dept_name="yunwei";'
curs.execute(sql1)
print(curs.fetchall())
```

3. zhubo 部入职员工的员工号

操作命令如下：

```
sql1 ='SELECT id FROM dept LEFT JOIN emp ON dept.dept1 = emp.dept2 WHERE dept_name="HR";'
curs.execute(sql1)
print(curs.fetchall())
```

4. 财务部门收入超过 3000 元的员工姓名

操作命令如下：

```
sql1 ='SELECT name FROM dept LEFT JOIN emp ON dept.dept1 = emp.dept2 WHERE dept_name=
"chaiwu" and incoming>3000;'
curs.execute(sql1)
print(curs.fetchall())
```

5. 找出 zhubo 部收入最低的员工的入职时间

操作命令如下：

```
sql1 ='SELECT min(incoming),worktime FROM dept LEFT JOIN emp ON dept.dept1 = emp.dept2
WHERE dept_name="zhubo" GROUP BY worktime;'
curs.execute(sql1)
print(curs.fetchall())
```

6. 找出年龄小于平均年龄的员工的姓名、ID 和部门名称

操作命令如下：

```
sql1 ='SELECT name,id,dept_name FROM dept LEFT JOIN emp ON dept.dept1 = emp.dept2 WHERE
age<(select avg(age) FROM emp);'
curs.execute(sql1)
print(curs.fetchall())
```

7. 列出每个部门收入总和高于 5000 元的部门名称

操作命令如下：

```
sql1 ='SELECT dept_name FROM dept LEFT JOIN emp ON dept.dept1 = emp.dept2 GROUP BY dept_
name HAVING sum(incoming)>5000;'
curs.execute(sql1)
print(curs.fetchall())
```

8. 查出财务部门工资低于 20 000 元的员工姓名

操作命令如下：

```
sql1 ='SELECT name FROM dept LEFT JOIN emp ON dept.dept1 = emp.dept2 WHERE incoming<
10000 and dept_name = "chaiwu";'
curs.execute(sql1)
print(curs.fetchall())
```

9. 求收入最高的员工姓名及所属部门名称

操作命令如下：

```
sql1 ='SELECT name,dept_name FROM dept LEFT JOIN emp ON dept.dept1 = emp.dept2 WHERE
incoming=(select max(incoming) FROM emp join dept on emp.dept2 = dept.dept1) ;'
curs.execute(sql1)
print(curs.fetchall())
```

10. 求员工收入低于 5000 元的员工部门编号及其部门名称

操作命令如下：

```
sql1 ='SELECT name,id,dept_name FROM dept LEFT JOIN emp ON dept.dept1 = emp.dept2 WHERE incoming<5000 '
curs.execute(sql1)
print(curs.fetchall())
```

项目 6

数 据 库 维 护

素质目标

- 具备数据安全意识和规范操作习惯；
- 具有极强的数据库维护责任感和敬业精神。

知识目标

- 深入理解 MySQL 的用户分类及其权限的作用机制；
- 掌握有效创建用户以及精准授予用户所需权限的操作方法；
- 同时，熟悉数据备份与恢复的关键步骤；
- 了解数据库性能优化的基本原则、使用方法以及相关技术，以确保数据库的稳定运行与高效性能。

能力目标

- 能够熟练运用 MySQL 命令进行用户账户的创建与管理，确保用户信息的准确性与安全性；
- 具备对账户权限进行授予或回收的熟练技能，能够根据实际需求灵活调整用户权限，保障系统的稳定运行；
- 能够采用多种方法完成数据的备份与恢复工作，确保数据的安全性与可靠性，为企业的业务运行提供有力保障。

▶ 案例导入

在现代教育管理中，一个高效且安全的"学生成绩管理系统"起着至关重要的作用。为了确保数据的安全，系统需要设置不同的用户，并对不同用户设置不同的权限。这一做法主要是基于角色和职责的不同，对不同的用户群体进行权限划分。例如：普通学生用户只能查看自己的成绩和相关数据；教师用户则可以查看其所教授班级学生的成绩，并进行成绩的录入、修改等操作；学校管理层则拥有更高的权限，可以查看整个学校的成绩数据，进行统计和分析，以便为教学提供决策支持。

在数据管理过程中，数据库管理人员可能会出现误操作，系统需要定期或不定期地对数据库进行数据备份。当出现操作事故或数据丢失时，可以使用备份的数据进行恢复还原。

任务 6.1　用户管理

用户管理

数据库的安全和性能优化是数据库管理中非常重要的一部分，数据库中包含很多重要的数据，为了保证数据库中的数据安全，需要创建各类型的合法用户，用户管理是其中的一个重要方面。在数据库的使用过程中，不同的用户可能需要不同的权限和访问方式，因此进行有效的用户管理非常必要。

MySQL 是一个多用户的数据库管理系统，拥有功能强大，灵活的数据库访问控制系统。数据库访问过程包括用户身份认证和用户权限验证两个阶段，只有合法的用户才能连接到 MySQL 服务器，这也是保证数据库安全的第一步。

6.1.1　MySQL 用户

MySQL 的用户分为两大类：超级管理员用户和普通用户。

1. 超级管理员用户 (root)

root 用户在 MySQL 安装时自动创建，拥有全部权限。该用户的权限包括创建用户、删除用户和修改普通用户密码等管理权限。

2. 普通用户

普通用户由 root 创建，普通用户只拥有 root 所分配的指定权限 (创建用户时赋予他的权限)，普通用户的权限包括管理用户的账户、权限等。

如何查看服务器中的用户信息？ MySQL 的用户信息存储在系统数据库 MySQL 的 user 表中。

【例 6-1】　查看服务器中的用户信息，包括用户名和主机名。

本例操作命令如下：

```
USE mysql
SELECT user,host FROM user;
```

命令执行结果如图 6-1 所示。

```
mysql> USE mysql
Database changed
mysql> SELECT user,host FROM user;
+------------------+-----------+
| user             | host      |
+------------------+-----------+
| mysql.infoschema | localhost |
| mysql.session    | localhost |
| mysql.sys        | localhost |
| root             | localhost |
+------------------+-----------+
4 rows in set (0.00 sec)
```

图 6-1　查看服务器中的用户信息

6.1.2　MySQL 用户管理

MySQL 的访问控制分为两个阶段：第一阶段进行身份认证，第二阶段进行权限认证。服务器验证是否允许该用户连接，即用户必须拥有登录 MySQL 服务器的用户名和密码，才能进行本地登录或远程登录；连接成功后，验证每个请求是否具有操作权限。

用户要访问数据库，必须能连接数据库所在的 MySQL 服务器，才能进行后续操作。因此，MySQL 的用户管理，指对 MySQL 数据库中的用户进行创建 (增加)、修改用户名和密码、删除用户等操作的管理。这些操作旨在确保数据库的安全性和完整性，同时满足不同用户对数据的访问需求。MySQL 验证用户的方式是用户名 + 主机名。

这个过程需要遵循一定的安全原则，例如避免使用弱密码，定期更改密码等。

1. 创建用户

语法格式：

```
CREATE USER 用户名 [@ 主机名 ] [IDENTIFIED BY ' 密码 ']
```

说明：

(1) 可以一次创建多个用户，多个用户之间使用逗号分隔。

(2) 账户名称由 "用户名称 @ 主机地址" 组成，主机地址使用 "localhost" 表示本地主机，如果省略主机名表示允许远程登录 (默认主机名为 %)。

(3) 不选择 IDENTIFIED BY 选项时，表示该用户无密码。

(4) 使用该命令的用户必须拥有 MySQL 系统数据库的全局 CREATE USER 权限或 INSERT 权限，如 root 用户。如果创建的账户已经存在，则会出现错误。

(5) 新建用户权限有限，可以使用 SHOW 命令查看所有存储引擎和字符集的列表，但无法访问任何用户数据库，更不能访问数据库中的表。

(6) 可以使用新用户名和对应的密码在 MySQL 命令行客户端和 MySQL Workbench 客

户端进行登录测试。

【例 6-2】　创建用户名为 t1、主机名为 localhost、密码为 '123' 的用户。

本例操作命令如下：

> CREATE USER t1@localhost IDENTIFIED BY '123';
>
> SELECT user,host FROM user;

命令执行结果如图 6-2 所示。

```
mysql> CREATE USER t1@localhost IDENTIFIED BY '123';
Query OK, 0 rows affected (0.02 sec)

mysql> SELECT user,host FROM user;
+------------------+-----------+
| user             | host      |
+------------------+-----------+
| mysql.infoschema | localhost |
| mysql.session    | localhost |
| mysql.sys        | localhost |
| root             | localhost |
| t1               | localhost |
+------------------+-----------+
5 rows in set (0.00 sec)
```

图 6-2　创建并查看新用户 (1)

【例 6-3】　创建一个用户名为 t2，允许远程登录的用户，密码为 '123456'。

本例操作命令如下：

> CREATE USER t2 IDENTIFIED BY '123456';
>
> SELECT user,host FROM user;

命令执行结果如图 6-3 所示。

```
mysql> CREATE USER t2 IDENTIFIED BY '123456';
Query OK, 0 rows affected (0.02 sec)

mysql> SELECT user,host FROM user;
+------------------+-----------+
| user             | host      |
+------------------+-----------+
| t2               | %         |
| mysql.infoschema | localhost |
| mysql.session    | localhost |
| mysql.sys        | localhost |
| root             | localhost |
| t1               | localhost |
+------------------+-----------+
6 rows in set (0.00 sec)
```

图 6-3　创建并查看新用户 (2)

【例 6-4】　创建一个用户名为 t1，允许远程登录的用户，无密码。

本例操作命令如下：

> CREATE USER t1;
>
> SELECT user,host FROM user;

命令执行结果如图 6-4 所示。

```
mysql> CREATE USER t1;
Query OK, 0 rows affected (0.01 sec)

mysql> SELECT user,host FROM user;
+------------------+-----------+
| user             | host      |
+------------------+-----------+
| t1               | %         |
| t2               | %         |
| mysql.infoschema | localhost |
| mysql.session    | localhost |
| mysql.sys        | localhost |
| root             | localhost |
| t1               | localhost |
+------------------+-----------+
7 rows in set (0.00 sec)
```

图 6-4   创建并查看新用户 (3)

2. 修改用户名

首先，管理员需要确定新用户的用户名和密码。用户名应该具有唯一性，以便在数据库中区分不同的用户。密码应该尽可能复杂，以确保安全性。

语法格式：

RENAME USER 旧用户名 TO 新用户名 [,…]

说明：

旧用户名必须存在，可以一次给多个用户重命名。

【例 6-5】 修改例 6-2 和例 6-3 中用户名 t1、t2，分别改为 teach1 和 teach2。

本例操作命令如下：

RENAME USER

t1@localhost TO teach1@localhost,

t2 TO teach2;

SELECT user, host FROM user;

命令执行结果如图 6-5 所示。

```
mysql> RENAME USER
    → t1@localhost TO teach1@localhost,
    → t2 TO teach2;
Query OK, 0 rows affected (0.01 sec)

mysql> SELECT user,host FROM user;
+------------------+-----------+
| user             | host      |
+------------------+-----------+
| t1               | %         |
| teach2           | %         |
| mysql.infoschema | localhost |
| mysql.session    | localhost |
| mysql.sys        | localhost |
| root             | localhost |
| teach1           | localhost |
+------------------+-----------+
7 rows in set (0.00 sec)
```

图 6-5   修改用户名

3. 修改密码

MySQL 在创建用户时可以设置密码，也可以为没有密码的用户或密码过期的用户设置密码，或修改某个用户的密码。修改用户密码是一个相对简单的操作，可以使用 ALTER USER 或 SET PASSWORD 语句修改用户密码。

语法格式：

> SET PASSWORD FOR 用户名 =' 新密码 '

或者

> ALTER USER 用户名 [@ 主机名] IDENTIFIED BY ' 新密码 '

【例 6-6】　修改 teach2 用户的密码为 'abc123'。

> SET PASSWORD FOR teach2='abc123';

4. 删除用户

当某个用户不再需要访问数据库时，为了确保数据的安全性和完整性，管理员可以从 MySQL 数据库中删除该用户。删除用户是一个敏感操作，因为它会永久移除用户的访问权限和相关信息，因此在执行此操作之前，必须谨慎确认用户确实不再需要访问数据库。

语法格式：

> DROP USER　用户 1[, 用户 2,…]

说明：

这里要删除的用户，由用户名和主机名构成。

【例 6-7】　查看 user 表，删除 t1 用户。

本例操作命令如下：

> SELECT user,host FROM mysql.user;
>
> DROP USER t1;
>
> SELECT user,host FROM mysql.user;

任务 6.2　权 限 管 理

权限管理

MySQL 作为一个广泛使用的关系型数据库管理系统，其权限管理至关重要。通过权限管理，数据库管理员能够精确控制用户对数据库的访问和操作，从而确保数据的安全性、完整性和可用性。

6.2.1　基本概念

1. 用户账户

在 MySQL 中，每个用户都通过一个唯一的"用户名 + 主机名"组合来标识。用户名用于区分不同的用户，而主机名则用于指定用户可以从哪些主机连接到数据库服务器。

2. 权限类型

MySQL 支持多种权限类型，如数据访问权限 (如 SELECT、INSERT、UPDATE、DELETE

等）、数据定义权限（如 CREATE、DROP、ALTER 等）以及管理权限（如 GRANT OPTION、PROCESS 等）。这些权限可以根据需要进行组合，以满足不同的访问需求。

3. 权限级别

MySQL 的权限管理具有多个级别，包括全局级别、数据库级别、表级别和列级别。全局级别的权限适用于整个 MySQL 服务器；数据库级别的权限适用于特定的数据库；表级别的权限适用于特定的表；列级别的权限则进一步细化到表的特定列。这种多级别的权限管理使得管理员能够更加精细地控制用户对数据库的访问和操作。

用户分为管理员用户、开发人员用户和普通用户。

(1) 管理员用户需要能够执行所有的数据库操作，包括创建和删除数据库、表以及存储过程等。因此，可以授予管理员用户全局级别的所有权限。

(2) 开发人员用户需要能够修改数据库结构和编写存储过程，但不需要对数据库进行全局管理。因此，可以授予开发人员用户数据库级别的权限。

(3) 普通用户通常只需要对特定的表进行数据的查询和插入操作。因此，可以授予普通用户表级别的权限。

6.2.2　查看权限

语法格式：

> SHOW GRANTS FOR 用户名 @ 主机名

说明：

对新用户查看其权限时，显示结果中的 USAGE 代表无权限。

【例 6-8】　查看 teach1 用户的权限。

本例操作命令如下：

> SELECT user,host FROM mysql.user;
>
> SHOW GRANTS FOR teach1@localhost;

命令执行结果如图 6-6 所示。

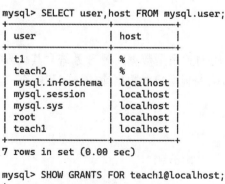

图 6-6　查看用户权限

6.2.3 授予权限

语法格式：

> GRANT 权限 [列名列表] ON [目标] { 表 | * | *.* | 库名 .*}
> TO 用户 [IDENTIFIED BY [PASSWORD] ' 密码 '] [WITH 权限限制]

说明：

(1) 权限。指权限的名称，可以有多个，如 SELECT、DELETE 等。可以给不同对象授予不同的权限。

(2) ON 关键字。给出要授予权限的数据库名或表名，目标可以是表 (TABLE)、函数 (FUNCTION)、存储过程 (PROCEDURE) 等。

- 表名：表级权限，适用于指定数据库中的所有表。
- *：当前数据库的数据库级权限。
- *.*：全局权限，适用于所有数据库和所有表。
- 库名 .*：指定数据库中的所有表。

(3) TO 子句用来设定用户和密码。

(4) 权限还可以是"CREATE USER"和"SHOW DATABASES"。

(5) WITH 权限限制。指使用 WITH GRANT OPTION 子句，将自己的权限授予其他用户，而不管该用户有无此权限。

【例 6-9】 授予 teach1 用户对 dbschool 数据库中所有表的 UPDATE 权限和 SELECT 权限。

本例操作命令如下：

> GRANT CREATE,UPDATE,SELECT ON dbschool.* TO teach1@localhost;
> SHOW GRANTS FOR teach1@localhost;

命令执行结果如图 6-7 所示。

```
mysql> GRANT UPDATE,SELECT ON dbschool.* TO teach1@localhost;
Query OK, 0 rows affected (0.04 sec)

mysql> SHOW GRANTS FOR teach1@localhost;
+---------------------------------------------------------------------+
| Grants for teach1@localhost                                         |
+---------------------------------------------------------------------+
| GRANT CREATE USER ON *.* TO `teach1`@`localhost`                    |
| GRANT SELECT, UPDATE ON `dbschool`.* TO `teach1`@`localhost`        |
+---------------------------------------------------------------------+
2 rows in set (0.00 sec)
```

图 6-7 授予 teach1 用户权限 (1)

【例 6-10】 授予 teach1 用户创建新用户的权限。

本例操作命令如下：

> GRANT CREATE USER ON *.* TO teach1@localhost;
> SHOW GRANTS FOR teach1@localhost;

命令执行结果如图 6-8 所示。

```
mysql> GRANT CREATE USER ON *.* TO teach1@localhost;
Query OK, 0 rows affected (0.04 sec)

mysql> SHOW GRANTS FOR teach1@localhost;
+-----------------------------------------------------------------------+
| Grants for teach1@localhost                                           |
+-----------------------------------------------------------------------+
| GRANT CREATE USER ON *.* TO `teach1`@`localhost`                      |
| GRANT SELECT, UPDATE ON `dbschool`.* TO `teach1`@`localhost`          |
+-----------------------------------------------------------------------+
2 rows in set (0.00 sec)
```

图 6-8 授予 teach1 用户权限 (2)

【例 6-11】 root 用户授予 teach1 用户对 class 表的 INSERT 权限，并允许其将该权限和 SELECT 权限授予用户 teach2。

root 用户授权给 teach1 用户。其操作命令如下：

GRANT INSERT ON dbschool.class TO teach1@localhost WITH GRANT OPTION;

teach1 用户登录 MySQL 命令行客户端，将该权限和 SELECT 权限授予用户 teach2。其操作命令如下：

GRANT INSERT,SELECT ON dbschool.class TO teach2;

用户 teach2 在 MySQL Workbench 客户端登录进行验证。

6.2.4 回收权限

语法格式：

(1) REVOKE 权限 [列名列表] ON{ 表 | * | *.* | 库名 .*} FROM 用户

或者

(2) REVOKE ALL PRIVILEGES,GRANT OPTION FROM 用户

说明：

REVOKE 可以回收用户权限，但不删除该用户，用法与 GRANT 相似，但效果相反。格式 (1) 回收用户的指定权限，格式 (2) 回收用户的所有权限。

【例 6-12】 查看用户 teach1 的权限，回收该用户对 dbschool 数据库中所有表的 update 权限。

本例操作命令如下：

SHOW GRANTS FOR teach1@localhost;

REVOKE UPDATE ON dbschool.* FROM teach1@localhost;

总之，MySQL 的权限管理是确保数据库安全性和完整性的重要手段。通过理解其核心概念和基本操作，并结合实例来实践，管理员可以更加有效地管理数据库用户的权限，从而保护数据的安全和稳定。

数据的备份和恢复

任务 6.3　数据库的备份与恢复

MySQL 数据库的备份与恢复是数据库管理的重要部分，它确保了数据的完整性、安全性和可靠性。备份可以保护数据免受硬件故障、软件错误、人为错误或恶意攻击的影响，而恢复则是在数据丢失或损坏时，将数据库恢复到之前的状态。

6.3.1　MySQL 数据库的备份

MySQL 提供了多种备份方法，在进行数据库备份的时候，其中最常用的是使用 mysqldump 工具进行逻辑备份和使用 xtrabackup 等工具进行物理备份两种方式。

在数据迁移和备份恢复中，最常用的方式之一是使用 mysqldump 命令将数据生成 SQL 语句进行保存。

1. 逻辑备份

逻辑备份 (mysqldump) 是将数据描述从 MySQL 数据库导出到 SQL 文件中。mysqldump 是 MySQL 自带的逻辑备份工具，用于备份和恢复 MySQL 数据库。它可以导出数据库的结构和数据为 SQL 语句。这些 SQL 语句可以在需要时重新执行，以便轻松地恢复数据库的状态。逻辑备份具有备份文件相对较小、可以方便地进行磁盘间传送和存储、可以部分还原等优点。

通常由管理员用户 (如 root) 完成数据备份。逻辑备份可以在 MySQL Workbench 客户端使用 data import 命令进行；也可以在 cmd 命令窗口备份，如果在命令中省略密码，则会在执行命令后提示输入密码。

注意：在执行 mysqldump 命令时，如果数据库不存在，需要先创建数据库。

(1) 备份整个数据库。

语法格式：

```
mysqldump -u 用户名 -p[ 密码 ] 数据库名 > 备份文件名 .sql
```

【例 6-13】　root 用户备份整个 dbschool 数据库，保存在 D 盘，备份文件名为 dbschool.sql。

备份有以下两种方法：

① 在 cmd 命令窗口执行以下命令备份。

```
mysqldump -u root -p  dbschool > D:\dbschool.sql
```

② 在 MySQL Workbench 客户端备份。

执行 Server 菜单中的 Data Export 命令，按图 6-9 所示进行设置，单击 Start Export 按钮，完成后刷新数据库即可。

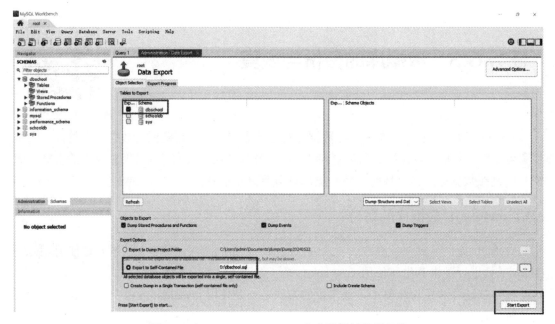

图 6-9　在 MySQL Workbench 客户端进行数据备份

(2) 备份数据库中的表。

语法格式：

> mysqldump -u 用户名 -p[密码] 数据库名 表名 > 备份文件名 .sql

【例 6-14】　备份 dbschool 数据库中的 class 表，保存在 D 盘，备份文件名为 dbschool_class.sql。

本例操作命令如下：

> mysqldump -u root -p dbschool class >d:\dbschool_class.sql

(3) 备份多个数据库。

语法格式：

> mysqldump -u 用户名 -p[密码]–databases 数据库 1 数据库 1> 备份文件名 .sql

【例 6-15】　备份数据库 dbschool 和 mysql，保存在 D 盘，备份文件名为 mysql_dbschool.sql。

本例操作命令如下：

> mysqldump -uroot -p --databases dbschool mysql >D:\mysql_dbschool.sql

(4) 备份所有数据库。

语法格式：

> mysqldump -u 用户名 -p[密码] --all- databases > 备份文件名 .sql

【例 6-16】　备份服务器中的所有数据库，保存在 D 盘，备份文件名为 all.sql。

本例操作命令如下：

> mysqldump -u root -p --all-databases >D:\all.sql

2. 物理备份

物理备份 (xtrabackup) 是 Percona 提供的一个开源的免费数据库热备份软件，是一个对 InnoDB 做数据备份的工具。它能对 InnoDB 数据库和 XtraDB 存储引擎的数据库非阻塞地备份。它支持 MySQL 和 Percona Server 的物理备份。物理备份直接复制数据库的文件，因此备份和恢复通常比逻辑备份更快。安装 xtrabackup 后，可以使用以下命令进行备份：

语法格式：

```
xtrabackup--backup--target-dir=
/path/to/backupdir--datadir=/path/to/datadir
```

说明：

--target-dir 是备份存放的目录，--datadir 是 MySQL 的数据目录。

6.3.2 MySQL 数据库的恢复

MySQL 数据库恢复是指在数据库发生故障或数据丢失的情况下，通过一系列操作和技术手段将数据库恢复到正常运行状态的过程。数据库的恢复是数据库管理中非常重要且必不可少的一环，它能够保障数据的完整性和可靠性，确保数据库系统的稳定运行。具体来说就是将备份的数据还原到 MySQL 数据库中，以便继续正常运行。这种恢复方式可能会非常耗时，但对于业务数据来说，恢复数据是非常重要的。恢复数据库的过程取决于备份的类型 (逻辑备份或物理备份)。

1. 逻辑备份的恢复

逻辑恢复是将备份文件中的逻辑描述还原到 MySQL 数据库中。对于使用 mysqldump 创建的逻辑备份，可以使用以下方法恢复数据。

(1) 在 MySQL 命令行使用 SOURCE 命令导入数据。

语法格式：

```
SOURCE 备份文件
```

说明：

如果服务器中没有要恢复的数据库，则要先创建，且用 USE 命令打开。

【例 6-17】 在 MySQL 命令行用例 6-13 的备份文件 D:\dbschool.sql 恢复数据库 dbschool。

本例操作命令如下：

```
DROP DATABASE IF EXISTS dbschool;
CREATE DATABASE dbschool;
USE dbschool
SOURCE D:\dbschool.sql
```

(2) root 用户在 cmd 窗口使用 MySQL 命令进行恢复。

语法格式：

```
mysql -u root -p 数据库名 < 备份文件
```

说明：

恢复前确认服务器中存在要恢复的数据库。

【例 6-18】 在 cmd 窗口用例 6-13 的备份文件 D:\dbschool.sql 恢复数据库 dbschool。

先确定服务器中的 dbschool 数据库存在，再在 cmd 窗口执行如图 6-10 所示的命令。

图 6-10　在 cmd 窗口恢复数据库 dbschool

(3) 在 MySQL Workbench 客户端进行恢复。

【例 6-19】　用例 6-13 的备份文件 dbschool.sql 恢复数据库 dbschool。

先删除 dbschool 数据库。

再执行 Server 菜单中的 Data Import 命令。

单击窗口中间的 New 按钮进行创建，并将其设置为当前数据库。

按图 6-11 所示进行设置，最后单击 Start Import 按钮即可。

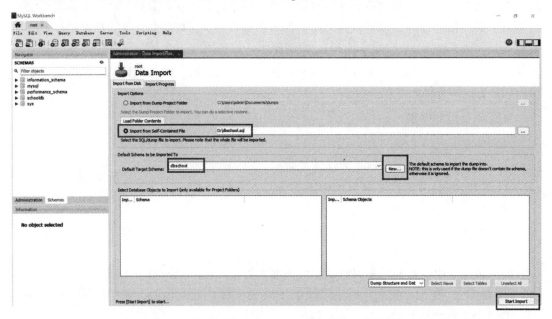

图 6-11　在 MySQL Workbench 客户端进行数据恢复

2. 物理备份的恢复

物理备份的恢复是将备份的数据库文件覆盖到原有的数据库目录中，是将备份文件中的物理文件复制到 MySQL 服务器的目标目录中。对于使用 xtrabackup 创建的物理备份，恢复过程可能涉及以下步骤：

(1) 准备备份文件以供恢复。

语法格式：

```
xtrabackup --prepare --target-dir=/path/to/backupdir
```

(2) 停止 MySQL 服务，并移动或替换当前的数据目录为备份目录。

语法格式：

```
systemctl stop mysql
```

```
mv/path/to/current/datadir/path/to/current/datadir_old
mv/path/to/backupdir/path/to/current/datadir
```

(3) 启动 MySQL 服务。

语法格式：

```
systemctl start mysql
```

说明：

物理恢复可能需要额外的步骤来确保文件的权限和所有权正确，以及修复任何可能存在的表损坏问题。

6.3.3　备份策略

备份策略应该根据组织的具体需求、数据量、可用性以及恢复时间目标 (RTO) 和恢复点目标 (RPO) 来制定。在生产环境中，可以根据以下建议制定备份策略。

1. 定期备份

根据业务需求，定期执行备份，可根据数据变化频率设定每日、每周或每月的备份计划，尽可能减小数据损失。

2. 多种备份方式相结合

当备份 MySQL 数据库时，应使用多种备份方式的组合方式，以确保备份文件的完整性和稳定性。备份文件应保留在不同的地点，以防止灾难性损失。

3. 保留多个备份版本

保留多个备份版本，在需要时再把它回滚到之前的状态。

4. 验证备份

定期验证备份文件的完整性和可恢复性。备份文件在完成备份后应该加以验证。这将确保备份的文件完整无损且未被损坏。

5. 加密备份

对于敏感数据，考虑对备份文件进行加密，以确保在传输或存储时的安全性。

6. 备份存储

选择可靠的存储介质，并考虑使用 RAID 或分布式存储来提高可用性和性能。

7. 备份恢复测试

应定期测试备份恢复演示。这将帮助确保备份文件可以成功地恢复，并且可以提供可靠的备份源。

MySQL 备份和恢复是保护和维护数据的最基本的方法之一。它是每个 MySQL 数据库管理员的必备技能。了解不同的备份方式，选择最适合业务需要的备份方式，并遵循 MySQL 的最佳实践，通过实施有效的备份和恢复策略，可以确保 MySQL 数据库在面对各种潜在风险时能够保持数据的完整性和可用性。

任务 6.4　数据库的性能优化

MySQL 数据库的性能优化是一个复杂且持续的过程，它涉及到多个层面，包括硬件资源、数据库设计、查询优化、配置调整以及维护管理等。

6.4.1　硬件和基础设施优化

硬件和基础设施是数据库性能的基础。优化硬件资源，确保数据库服务器具备足够的计算能力、存储和网络带宽，是提升 MySQL 性能的首要任务。

1. 存储优化

可以选择高性能的存储设备，如 SSD 硬盘，以加快数据读写速度；采用 RAID 技术，如 RAID 10，以提高数据的可靠性和读写性能；合理配置磁盘分区和文件系统，避免 IO 瓶颈。

例如，某电商网站在高峰期数据库读写频繁，导致性能下降。经过分析，发现磁盘 IO 成为瓶颈。通过更换为 SSD 硬盘并配置 RAID 10，磁盘读写速度大幅提升，数据库性能得到明显改善。

2. 内存优化

可以采用增加物理内存的方法，确保数据库有足够的内存来缓存数据和索引。通过调整 MySQL 的内存相关配置参数，如 innodb_buffer_pool_size，以充分利用内存资源。

例如，一个大型在线教育平台发现数据库查询速度较慢，尤其是在处理复杂查询时。经过检查，发现 MySQL 的 innodb_buffer_pool_size 设置过小，导致缓存不足。通过增加该参数的值，缓存了更多的数据和索引，查询速度得到了显著提升。

6.4.2　数据库设计和结构优化

合理的数据库设计和结构是性能优化的关键。通过规范化设计、选择合适的数据类型以及优化表结构等方式，可以提高数据库的性能。

1. 规范化设计

规范化设计可以避免数据冗余，减少数据不一致性的可能性。但是在数据库设计时注意不要过度规范化，以免增加查询的复杂性和性能开销。

例如，一个在线医疗咨询平台在存储用户信息时，将用户的姓名、年龄、性别等基本信息和诊断记录、咨询历史等详细信息分开存储。通过规范化设计，避免了数据冗余，提高了数据一致性。同时，根据查询需求，合理设计了关联表，减少了查询的复杂性。

2. 选择合适的数据类型

根据数据的实际需求选择合适的数据类型，不仅可以避免浪费存储空间和处理时间，还可以利用 MySQL 的内置函数和特性，提高查询效率。

例如，一个社交网站需要存储用户的生日信息。最初，开发人员选择了 VARCHAR 类型来存储生日，但实际上 DATE 类型更为合适。通过更改数据类型为 DATE，不仅节省了存储空间，还可以利用 MySQL 的日期函数进行高效的查询和计算。

6.4.3　SQL 查询优化

SQL 查询是数据库性能优化的重要环节。通过优化查询语句、使用索引以及避免不必要的全表扫描等方式，可以显著提高查询性能。

1. 优化查询语句

优化查询语句，可以简化查询逻辑，避免复杂的子查询和嵌套查询。可以使用 EXPLAIN 分析查询计划，找出性能瓶颈并进行优化。

例如，一个在线旅游平台需要查询某个城市的所有酒店信息。最初的查询语句使用了复杂的子查询和 JOIN 操作，导致查询速度较慢。通过简化查询逻辑，将子查询和 JOIN 操作拆分成多个简单的查询，并使用 EXPLAIN 分析查询计划，最终找到了性能瓶颈并进行优化，查询速度得到了显著提升。

2. 使用索引

为经常用于查询条件的列创建索引，可以加快查询速度。但是应注意避免过度索引，以免增加写操作的开销和存储空间。

例如，一个电商平台需要频繁查询某个商品的销售情况。为了提高查询性能，开发人员为商品 ID 和销售量等列创建了索引。通过创建索引，查询速度得到了大幅提升，满足了业务的需求。

6.4.4　配置优化

合理配置 MySQL 的参数和选项，可以充分发挥数据库的性能优势。根据工作负载和硬件资源调整配置参数，可以提高数据库的并发处理能力、缓存效率以及网络性能等。

1. 调整线程和连接参数

根据服务器的并发请求量，调整 max_connections 参数，可以避免连接数过多导致性能下降；调整 thread_cache_size 参数，可以缓存线程对象，以减少线程创建和销毁的开销。

例如，一个大型论坛网站在高峰期并发请求量剧增，导致数据库连接数不足，出现性能瓶颈。通过增加 max_connections 参数的值并调整 thread_cache_size 参数，成功缓解了连接数不足的问题，提高了数据库的并发处理能力。

2. 优化缓存配置

在进行缓存配置时调整 innodb_buffer_pool_size 参数，可以增加 InnoDB 存储引擎的缓存大小。启用查询缓存 (虽然 MySQL 8.0 以后版本默认禁用了查询缓存，但在早期版本中仍可使用)，可以缓存频繁执行的查询结果。

例如，一个在线金融平台需要处理大量的数据读写操作，为了提高性能，开发人员增加了 innodb_buffer_pool_size 参数的值，并启用了查询缓存。通过优化缓存配置，数据库的读写性能得到了显著提升，满足了金融业务的实时性要求。

6.4.5 　其他优化策略

除了上述优化措施外，还可以采取以下策略来进一步提高 MySQL 数据库的性能。

1. 使用读写分离技术

将读操作和写操作分离到不同的数据库服务器或实例上，以便提高并发处理能力。可以使用主从复制技术实现读写分离，主库处理写操作，从库处理读操作。

例如，一个大型在线游戏平台采用了读写分离技术来提高数据库性能。主库负责处理用户的注册、登录等写操作，而从库负责处理用户的游戏数据查询等读操作。通过分离读写操作，数据库的并发处理能力得到了大幅提升，满足了游戏平台的实时性要求。

2. 定期维护和优化

定期对数据库进行优化操作，如重建索引、清理无用数据等。可以使用工具进行性能监控和分析，及时发现并解决性能问题。

例如，一个新闻网站定期对数据库进行优化操作，包括重建索引、清理过期新闻等。通过定期维护，数据库的性能得到了保持和提升，确保了新闻网站的稳定运行。

综上所述，MySQL 数据库的性能优化是一个复杂且持续的过程。通过优化硬件资源、数据库设计、查询语句、配置参数以及采取其他优化策略，可以显著提高数据库的性能和稳定性。在实际应用中，需要根据具体的业务需求和场景来选择合适的优化措施，并不断进行调整和优化，以达到最佳的性能效果。

课 后 练 习

一、选择题

1. 删除本地用户 stud1 的 MySQL 命令是 (　　)。

A. DELETE USER stud1　　　　　　B. DROP USER stud1

C. DROP USER stud1@localhost　　D. DELETE USER stud1@localhost

2. 对用户授权操作权限的 SQL 语句是 (　　)。

A. SELECT　　　　　　　　　　　B. GRANT

C. CREATE   D. REVOKE

3. REVOKE 命令的作用是 (   )。

A. 删除用户   B. 创建用户

C. 收回用户权限   D. 授予用户权限

4. 数据库恢复用到的重要文件是 (   )。

A. 索引文件   B. 日志文件

C. 备份文件   D. 数据库文件

5. 数据库备份的作用是 (   )。

A. 故障后的恢复   B. 安全性保障

C. 一致性控制   D. 转储数据

二、填空题

1. MySQL 的用户可分为两大类，一类是 _____，一类是 _____。

2. 修改数据库用户的命令是 _____。

3. 创建一个用户名为 Tom、密码为 123456 的用户账户的命令是 _____。

4. 授予数据库用户权限的命令是 _____。

5. 进行数据库逻辑备份的常用命令是 _____。

知识延伸

在数字经济时代，数据已经成为了一种核心生产要素。数据的价值不仅在于其本身的数量和质量，更在于如何通过数据挖掘和分析来获取近乎实时的洞察，以驱动业务的全流程。因此，数据的重要性不容忽视。数据备份的目的主要有数据恢复 (灾难恢复)、数据安全管理、数据合规性和法律要求、IT 开发和测试以及迁移升级 5 个方面。

数据被誉为 "21 世纪的黄金"，数据备份不仅仅是开发、运维需要了解、熟练和掌握，一些架构设计或系统设计也需要熟练掌握，以备不时之需。

1. 数据备份

数据库备份最主要的是数据，还有数据的结构以及数据的定义，当然也不能落下数据的配置以及一些日志信息 (二进制日志、查询日志、操作日志、错误日志等)。总结得出备份的主要内容如下：

(1) 数据或数据文件：包括业务数据、数据定义信息和数据结构信息。

(2) 数据日志：二进制日志数据信息、事务日志、查询日志、操作日志等。

(3) 数据配置信息。

(4) 函数、存储过程和事件触发器。

(5) 一些其他脚本等。

2. 备份方式

根据 MySQL 备份目的的不同导致最终的备份方式也不相同。大体可以分为数据完全备份 (Full Backup)、增量备份 (Incremental Backup)、差异备份 (Differential Backup) 等。

(1) 完全备份：指对硬盘或数据库内的所有文件、文件夹或数据进行一次性的复制。

(2) 增量备份：指对上一次备份后更新的数据进行备份。

(3) 差异备份：提供运行完整备份后变更的文件的备份。

同时，备份还可以分为冷备和热备。冷备是在数据库关闭时进行的备份，备份的数据与此时段的数据完全一致。而热备则是在数据库开启状态下进行的备份。

项目 7

视图、索引和事务

素质目标

- 具有面向用户的数据服务意识和能力;
- 具有优化数据检索的意识和事务执行的系统性思维。

知识目标

- 深入理解视图的基本概念,并熟练掌握视图的创建方法以及相关的数据操作技巧;
- 充分理解索引的重要性和价值,并熟练掌握索引的创建方式及其在实际应用中的合理运用;
- 对事务的特性有清晰的了解,并掌握事务处理操作语句的正确使用方法和技巧。

能力目标

- 能够灵活地运用视图操作表数据,实现对数据的高效管理与利用;
- 能够借助索引技术提升数据库性能,实现表中特定数据的快速检索与定位;
- 能够应用事务机制解决实际问题,确保数据的一致性与完整性,提升系统的稳定性与可靠性。

▶▶ **案例导入**

　　在学校的日常运营中，不同职能部门在使用"学生成绩管理系统"时，所关心的数据内容存在差异。这些差异不仅体现在数据的种类和范围上，更体现在对数据的操作需求上。因此，构建一个功能强大、灵活多变的学生成绩管理系统至关重要，以确保各职能部门能够高效、准确地获取和处理所需的数据。

　　首先，来看看系统中的敏感数据。这些数据通常涉及学生的个人隐私和学校的核心机密，因此只允许特定的管理人员查看。为了实现这一需求，系统可以设计不同的视图来展示数据。例如：对于教务处而言，可能需要查看所有学生的成绩数据，以便进行统计分析；而对于教师，可能只需要查看自己所教课程的成绩数据，以便进行教学评估。通过设计不同的视图，系统可以满足不同部门对敏感数据的查看需求，同时保证数据的安全性和隐私性。

　　其次，为了实现数据的高效检索，可以在数据表中设计适当的索引。在成绩管理系统中，可以根据数据的特性设计不同的索引，如按学号、课程名、成绩等字段进行索引。这样，当需要查询某个学生的成绩或某门课程的成绩时，系统可以迅速定位到相应的数据，提高查询效率。

　　此外，对于一些需要一次性完成的批量数据操作，可以通过事务来保证数据的一致性。事务是一系列操作的集合，这些操作要么全部执行成功，要么全部不执行。在成绩管理系统中，可能会遇到一些需要批量处理的情况，如批量导入成绩、批量修改学生信息等。通过使用事务，可以确保这些批量操作在执行过程中不会受到其他因素的影响，从而保证数据的完整性和一致性。

任务 7.1　视　　图

7.1.1　视图概述

1. 视图的基本概念

　　视图 (View) 是一种数据库对象，是从一个或多个基本表 (或视图) 导出的虚拟表 (简称虚表)。视图是向用户提供基本表数据的另一种表现形式，它建立在已有表的基础上，视图赖以建立的这些表被称为基本表。视图的创建和删除只影响视图本身，不影响对应的基本表。

　　视图属于数据库的高级功能。在数据库中只存储视图的定义，对视图的数据进行操作时，系统根据视图的定义去操作与视图相关联的基本表。数据保存在基本表中，通过视图看到的是基本表中的数据。

2. 视图的优点

　　(1) 简化数据查询和处理。为复杂的查询建立一个视图，用户可以像对基本表一样对视图做简单的查询，方便访问多个表中的数据。

(2) 屏蔽数据库的复杂性。视图是保存在数据库中的 SELECT 查询，视图可以隐藏数据的复杂性，只展示用户关心的部分数据。

(3) 数据安全。对不同的用户定义不同的视图，使用户只能看到与自己有关的数据；允许用户通过视图访问数据，而不能直接访问基本表，从而加强了数据的安全性。

对视图的理解如图 7-1 所示。

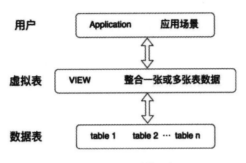

图 7-1 对视图的理解

7.1.2 创建视图

在 MySQL 中，创建视图有两种方式：MySQL 命令行和图形客户端。视图创建好后，可以像基本表一样去查询。

创建视图

1. 在 MySQL 命令行创建视图

语法格式：

> CREATE VIEW 视图名 AS SELECT 语句

说明：

(1) 定义的视图保存在数据库中。

(2) 建议视图名以 "v_" 开头，以示区分。

(3) 可以在视图上定义视图。

【例 7-1】 在 dbschool 数据库中创建视图 v_student，查看 student 表的男生信息，并查询视图的内容。

(1) 创建视图 v_student，其操作命令如下：

```
USE dbschool;
CREATE VIEW v_student
AS
SELECT * FROM student WHERE gender=' 男 ';
```

(2) 查询视图的内容，其操作命令如下：

```
SELECT * FROM v_student;
```

命令执行结果如图 7-2 所示。

```
mysql> USE dbschool;
Database changed
mysql> CREATE VIEW v_student
    → AS
    → SELECT * FROM student WHERE gender='男';
Query OK, 0 rows affected (0.00 sec)

mysql> SELECT * FROM v_student;
+----------+--------+--------+------------+--------+------------------+---------+
| sno      | sname  | gender | birthday   | nation | subject          | classid |
+----------+--------+--------+------------+--------+------------------+---------+
| 21110102 | 吴昊天 | 男     | 2002-03-17 | 汉     | 大数据与会计     | 211101  |
| 21211001 | 李明   | 男     | 2001-12-24 | 汉     | 大数据技术       | 212110  |
| 21450101 | 刘家林 | 男     | 2002-05-18 | 汉     | 工程造价         | 214501  |
| 22130201 | 林涛   | 男     | 2003-11-28 | 汉     | 大数据与财务管理 | 221302  |
| 22230101 | 王一博 | 男     | 2003-11-16 | 回     | 计算机应用技术   | 222301  |
| 22250301 | 郭志坚 | 男     | 2004-04-05 | 汉     | 数字媒体         | 222503  |
| 22320401 | 吴鑫   | 男     | 2004-02-02 | 汉     | 空中乘务         | 223204  |
| 22330101 | 王小辉 | 男     | 2004-03-20 | 傣     | 物流管理         | 223301  |
+----------+--------+--------+------------+--------+------------------+---------+
8 rows in set (0.00 sec)
```

图 7-2　视图的创建及查询

【例 7-2】　创建一个基于视图 v_student 的视图 v_studnet_nation，查看少数民族男生的信息，并查询该视图。

(1) 创建视图 v_student_nation，其操作命令如下：

> USE dbschool
> CREATE VIEW v_student_nation
> AS
> SELECT * FROM v_student WHERE nation<>' 汉 ';

(2) 查询视图的内容，其操作命令如下：

> SELECT * FROM v_student_nation;

2. 使用图形客户端 MySQL Workbench 创建视图

【例 7-3】　定义并查看班级学生视图 v_class_student，显示班级名称和该班级学生的学号、姓名和专业。

在 MySQL Workbench 中创建视图，基于表 class 和 student 的视图 v_class_student，如图 7-3 所示。

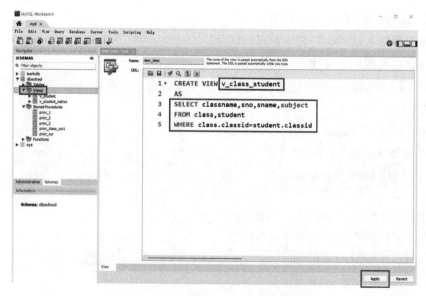

图 7-3　在 MySQL Workbench 中创建视图

创建好的视图如图 7-4 所示。

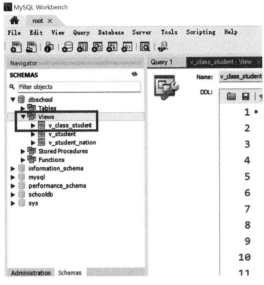

图 7-4　视图创建成功

7.1.3　管理视图

下面主要介绍在 MySQL 命令行中的操作。

1. 查看视图

查看视图类似于基本表的操作。

1) 查看视图结构

语法格式：

DESCRIBE 视图名

或者

DESC 视图名

【例 7-4】　查看视图 v_class_student 的结构。

本例操作命令如下：

USE dbschool

DESCRIBE v_class_student;

命令执行结果如图 7-5 所示。

管理视图

```
mysql> USE dbschool
Database changed
mysql> DESCRIBE v_class_student;
+-----------+-------------+------+-----+---------+-------+
| Field     | Type        | Null | Key | Default | Extra |
+-----------+-------------+------+-----+---------+-------+
| classname | varchar(10) | NO   |     | NULL    |       |
| sno       | char(8)     | NO   |     | NULL    |       |
| sname     | varchar(10) | NO   |     | NULL    |       |
| subject   | varchar(10) | YES  |     | NULL    |       |
+-----------+-------------+------+-----+---------+-------+
4 rows in set (0.00 sec)
```

图 7-5　查看视图结构

2) 查看视图的定义语句

语法格式：

SHOW CREATE VIEW 视图名 \G

【例 7-5】 查看视图 v_class_student 的定义语句。

本例操作命令如下：

USE dbschool

SHOW CREATE VIEW v_class_student\G

3) 查看数据库中的表和视图

语法格式：

SHOW FULL TABLES

说明：

Table_type 列中，BASE TABLE 表示基本表，VIEW 表示视图（见图 7-6）。

【例 7-6】 查看数据库 dbschool 中的表和视图。

本例操作命令如下：

USE dbschool

SHOW FULL TABLES

命令执行结果如图 7-6 所示。

```
mysql> USE dbschool
Database changed
mysql> SHOW FULL TABLES;
+-------------------+------------+
| Tables_in_dbschool | Table_type |
+-------------------+------------+
| cj                | BASE TABLE |
| class             | BASE TABLE |
| course            | BASE TABLE |
| kc                | BASE TABLE |
| student           | BASE TABLE |
| study             | BASE TABLE |
| teacher           | BASE TABLE |
| v_class_student   | VIEW       |
| v_student         | VIEW       |
| v_student_nation  | VIEW       |
| xs                | BASE TABLE |
+-------------------+------------+
11 rows in set (0.00 sec)
```

图 7-6 查看数据库中的表和视图

2. 修改视图

语法格式：

ALTER VIEW 视图名

AS

SELECT 语句

说明：

修改视图其实就是修改 SELECT 语句。

【例 7-7】 修改视图 v_class_student，显示班级名称和班级学生的学号、姓名、性别和专业。查看修改后的视图结构。

(1) 修改视图，其操作命令如下：

```
USE dbschool
ALTER VIEW v_class_student
AS
SELECT classname,sno,sname,gender,subject
FROM class,student
WHERE class.classid=student.classid;
```

(2) 查看视图的结构，其操作命令如下：

```
describe v_class_student;
```

命令执行结果如图 7-7 所示。

```
mysql> DESCRIBE v_class_student;
+-----------+-------------+------+-----+---------+-------+
| Field     | Type        | Null | Key | Default | Extra |
+-----------+-------------+------+-----+---------+-------+
| classname | varchar(10) | NO   |     | NULL    |       |
| sno       | char(8)     | NO   |     | NULL    |       |
| sname     | varchar(10) | NO   |     | NULL    |       |
| gender    | char(1)     | NO   |     | NULL    |       |
| subject   | varchar(10) | YES  |     | NULL    |       |
+-----------+-------------+------+-----+---------+-------+
5 rows in set (0.00 sec)
```

图 7-7 查看修改后的视图结构

3. 删除视图

对不再需要的视图，及时将其从数据库中删除。

语法格式：

```
DROP VIEW [IF EXISTS] 视图 1[, 视图 2,…]
```

说明：

(1) 用户必须拥有 DROP 权限。

(2) 可以同时删除多个视图，视图名之间以英文半角逗号分隔。

(3) [IF EXISTS] 用于判断视图是否存在，如果存在则删除，不存在则不执行删除操作。

【例 7-8】 删除 dbschool 数据库中的视图 v_student_nation。

删除视图的操作命令如下：

```
DROP VIEW v_student_nation;
```

7.1.4 通过视图操作表数据

视图创建好后，通过视图进行查询、增加、删除和修改操作时，实际上是对基本表中的数据进行相应操作。

视图是可以查询的，但不是所有视图都可以更新的，视图不能执行更新操作的情况如下：

(1) 聚合函数、DISTINCT 关键字。

(2) GROUP BY 子句、HAVING 选项。

(3) ORDER BY 子句。

(4) UNION 运算符。

(5) 基于多个表创建的视图的删除操作。

1. 使用 INSERT 插入数据

语法格式和在基本表中插入数据相同。

【例 7-9】 创建一个基于 class 表的视图 v_class，查询 class 表中的所有信息。通过视图 v_class 增加一个班级：222102，22 大数据 2 班，大数据学院，并查询视图。

(1) 创建视图 v_class，其操作命令如下：

```
USE dbschool
CREATE VIEW v_class
AS
SELECT * FROM class;
```

(2) 查询视图 v_class，其操作命令如下：

```
SELECT * FROM v_class;
```

(3) 通过视图插入记录数据，其操作命令如下：

```
INSERT INTO v_class VALUES('222102','22 大数据 2 班 ',' 大数据学院 ');
```

(4) 分别查询视图 v_class 和表 class，其操作命令如下：

```
SELECT * FROM v_class;
SELECT * FROM class;
```

通过比较插入数据前和插入数据后的视图和表，可以发现，表中增加了一行新记录。

2. 使用 UPDATE 更新数据

语法格式和在基本表中更新数据相同。

【例 7-10】 将前面视图 v_class 中班级号为 "222102" 的班级名更新为 "22 大数据技术 2 班"，并查询视图。

本例操作命令如下：

```
USE dbschool
UPDATE v_class SET classname='22 大数据技术 2 班 ' WHERE classid='222102';
SELECT * FROM class;
```

3. 使用 DELETE 删除数据

语法格式和在基本表中删除数据相同。

【例 7-11】 删除视图 v_class 中班级号为 "222102" 的班级，并查询视图。

本例操作命令如下：

```
USE dbschool
DELETE FROM v_class WHERE classid='222102';
SELECT * FROM v_class;
SELECT * FROM class;
```

任务 7.2 索 引

7.2.1 索引概述

如果把数据表看作一本书，那表的索引就像这本书的目录一样，通过索引可以提高查询速度，改善数据库的性能。索引属于数据库的高级功能。

1. 索引的优点

(1) 提高查询速度。若没有索引，数据库系统需要进行全表扫描来查找相关数据。

(2) 创建主键索引和唯一索引可以保证数据表中数据的唯一性。

(3) 实现数据的完整性，加速表和表之间的连接。在执行表连接操作时，数据库系统利用索引快速定位到需要连接的数据行，从而提高连接操作的效率。

(4) 在使用分组和排序子句进行数据检索时，可显著减少查询中分组和排序的时间。

2. 索引类型

索引作用在表的数据列上，因此，索引可以在一列上创建，也可以在多列上创建。在多列上创建的索引也称为复合索引或联合索引。

索引有 B-tree 和 Hash 索引两种类型。Hash 索引基于哈希表实现，只有精确匹配索引列的查询才有效，查询速度快。在 MySQL 中，常用的是 B-tree 索引，B-tree 索引类型主要有以下 4 种：

(1) 普通索引 (INDEX)。普通索引是 MySQL 中的基本索引类型，允许在定义索引的列中插入空值和重复值。

(2) 唯一索引 (UNIQUE)。唯一索引指索引列的值必须唯一，但允许有空值。如果是复合索引，则列组合的值必须唯一。

(3) 主键索引 (PRIMARY)。主键索引在创建表的主键时自动建立。一个表只能有一个主键索引，是唯一索引的特殊类型。

(4) 全文索引 (FULLTEXT)。全文索引表示在定义索引的列上支持值的全文查找，允许插入重复值或空值，主要用来查找文本中的关键字，而不是直接与索引中的值相比较。只能在 char、varchar 或 text 类型的列上创建。

3. 索引的设计原则

(1) 索引不是越多越好。索引带来检索速度的提高是有代价的，因为索引要占用存储空间，而且在进行数据的增删改时还要维护索引，即索引具有时效性。

(2) 数据量小的表最好不要使用索引。

(3) 在不同值少的字段上不要创建索引。

(4) 不要对经常更新的表建立过多的索引。

7.2.2　创建索引

创建和使用索引

1. 在创建表时创建索引

语法格式：

> CREATE TABLE 表名
>
> (列名 ,…|[索引选项])

说明：

(1) 在索引选项中，PRIMARY KEY(列名 ,…) 表示主键索引，INDEX [索引名](列名 ,…) 表示普通索引，UNIQUE [索引名](列名 ,…) 表示唯一索引，FULLTEXT [索引名](列名 ,…) 表示全文索引。

(2) 如果省略索引名，则定义索引时默认索引名列名。主键索引名为 PRIMARY，其他索引名为第一列名。

(3) 可以同时添加多个索引。

【例 7-12】　创建一个 teacher 表，包含 id(int)、tname(varchar(10))、gender(char(1)) 和 edu(varchar(10))4 个字段。在 id 字段上建立主键索引，在 tname 字段上建立唯一索引，在 edu 字段上创建普通索引。

本例操作命令如下：

```
USE dbschool
CREATE TABLE teacher
(
id int,
tname varchar(10),
gender char(1),
edu varchar(10),
PRIMARY KEY(id),
UNIQUE(tname),
INDEX(edu)
);
```

2. 使用 CREATE INDEX 语句在已有表上创建索引

语法格式：

> CREATE [UNIQUE|FULLTEXT]INDEX 索引名 ON 表名 (列名 [长度] [ASC|DESC],…)

说明：

(1) 该语句不能创建主键索引。

(2) 在一个表中可以创建多个索引，索引名不能省略且必须唯一。

(3) ASC|DESC 表示升序索引或降序索引，默认升序 (ASC)。

【例 7-13】　在学生表 student 的姓名字段上创建唯一索引 "UQ_name"。

本例操作命令如下：

```
USE dbschool
CREATE UNIQUE INDEX UQ_name ON student(sname);
```

3. 使用 ALTER TABLE 语句在已有表上创建索引

语法格式：

ALTER TABLE 表名

ADD PRIMARY KEY [索引名](列名),

ADD UNIQUE [索引名](列名),

ADD FULLTEXT [索引名](列名),

ADD INDEX [索引名](列名)

说明：

(1) 该语句可以创建所有索引。

(2) 一个表中的索引名必须唯一，索引名可以省略。

【例 7-14】 根据 class 表 department 字段的前 5 个字符建立一个升序普通索引，在 classname 和 department 字段上创建复合索引。

本例操作命令如下：

```
USE dbschool
ALTER TABLE class ADD INDEX(department(5)),ADD INDEX(classname,department);
```

7.2.3 管理索引

1. 查看索引

语法格式：

```
SHOW INDEX FROM 表名
```

【例 7-15】 查看例 7-12 在 teacher 表上添加的索引。

本例操作命令如下：

```
SHOW INDEX FROM teacher\G
```

命令执行结果如图 7-8 所示。

```
mysql> SHOW INDEX FROM TEACHER\G
*************************** 1. row ***************************
        Table: teacher
    Non_unique: 0
      Key_name: PRIMARY
  Seq_in_index: 1
   Column_name: id
     Collation: A
   Cardinality: 0
      Sub_part: NULL
        Packed: NULL
          Null:
    Index_type: BTREE
       Comment:
 Index_comment:
       Visible: YES
    Expression: NULL
```

```
*************************** 2. row ***************************
        Table: teacher
   Non_unique: 0
     Key_name: tname
 Seq_in_index: 1
  Column_name: tname
    Collation: A
  Cardinality: 0
     Sub_part: NULL
       Packed: NULL
         Null: YES
   Index_type: BTREE
      Comment:
Index_comment:
      Visible: YES
   Expression: NULL
*************************** 3. row ***************************
        Table: teacher
   Non_unique: 1
     Key_name: edu
 Seq_in_index: 1
  Column_name: edu
    Collation: A
  Cardinality: 0
     Sub_part: NULL
       Packed: NULL
         Null: YES
   Index_type: BTREE
      Comment:
Index_comment:
      Visible: YES
   Expression: NULL
3 rows in set (0.00 sec)
```

图 7-8　查看索引

【例 7-16】　查看 dbschool 数据库中的 class 表上添加的索引。

本例操作命令如下：

```
SHOW INDEX FROM class;
```

命令执行结果如图 7-9 所示。

```
mysql> SHOW INDEX FROM class;
```

Table	Non_unique	Key_name	Seq_in_index	Column_name	Collation	Cardinality	Sub_part	Packed	Null	Index_type	Comment	Index_comment	Visible	Expression
class	0	PRIMARY	1	classid	A	16	NULL	NULL		BTREE			YES	NULL
class	1	department	1	department	A	4	5	NULL		BTREE			YES	NULL

```
2 rows in set (0.01 sec)
```

图 7-9　查看复合索引

可以看到，class 表的主键 classid 对应主键索引，以及例 7-14 在 department 字段上创建的普通索引。

2. 删除索引

语法格式：

```
DROP INDRX 索引名 ON 表名
```

或者

```
ALTER TABLE 表名 DROP primary key|DROP index 索引名
```

说明：

(1) 如果在表中删除了某列，而该列是索引的组成之一，则该列会从索引中删除。

(2) 如果组成索引的列全部被删除，则整个索引将被删除。

(3) 如果在某个字段上创建了外键，则同时会创建相关的索引。删除外键后，不会自动删除索引，可以用 ALTER TABLE 语句手动删除。

(4) 对于在多个字段上建立的复合索引，只需删除索引名为第 1 个字段的索引即可。

【例 7-17】　删除 class 表上的复合索引。

本例操作命令如下：

```
DROP INDEX classname ON class;
```

或者

```
ALTER TABLE class DROP INDEX classname;
```

3. 索引的优化

虽然索引可以提高查询性能，但过多的索引也会带来一些问题，如占用更多的磁盘空间、降低写操作的性能 (因为每次插入、更新或删除记录时，索引也需要更新)。因此，需要对索引进行优化，确保它们既能够提高查询性能，又不会对系统造成过大的负担。

(1) 避免过度索引：只为经常用于搜索、排序和连接的列创建索引。

(2) 使用前缀索引：对于很长的字符串列，可以考虑使用前缀索引来减少索引的大小。

(3) 删除无用索引：定期审查数据库中的索引，删除不再需要或从未使用过的索引。

(4) 使用复合索引：如果经常同时按多个列进行查询，创建复合索引可提高查询效率。

(5) 避免在索引列上使用函数或表达式：会导致索引失效。

(6) 使用 EXPLAIN 分析查询：分析 MySQL 如何使用索引来执行查询，从而发现可能的性能问题并进行优化。

任务 7.3　事　务

现实生活中，人们经常会进行转账操作。转账可以分为转入和转出两部分，只有这两个部分都完成才认为转账成功。在数据库中，这个过程是使用两条 SQL 语句来实现的，如果其中任意一条语句出现异常没有执行，则会导致两个账户的金额不同步，造成错误。为了防止上述情况的发生，就需要使用 MySQL 中的事务 (Transaction)。事务属于数据库的高级功能。

7.3.1　事务概述

事务是数据库管理系统 (DBMS) 执行过程中的一个逻辑单位，包含了一系列的操作，这些操作要么完全执行，要么完全不执行。事务的主要目的是确保数据的完整性和一致性，即使在多用户并发访问和故障情况下也能保持数据的正确性。

以转账为例说明事务的处理过程。从 A 账户给 B 账户转账 1000，过程如下：

A 账户金额减 1000；

B 账户金额加 1000。

最终只有 2 种正确结果：

(1) 操作成功：A 账户金额减少 1000；B 账户金额增加 1000。

(2) 操作失败：A、B 两个账户金额都维持原状。

事务会把这两个操作看成一个逻辑上的整体，这个整体包含的操作要么都成功，要么都失败，正因为有事务的支持，才不会出现 A 账户余额减少而 B 账户余额却没有增加的情况。

1. 事务特性 (ACID)

1) 原子性 (Atomicity)

原子性是指每个事务必须是一个不可分割的单元。事务中的所有操作不会结束在中间某个环节，如果事务在执行过程中发生错误，会被回滚 (Rollback) 到事务开始前的状态，就像这个事务从来没有执行过一样。

2) 一致性 (Consistency)

一致性是指事务必须在执行前后都要处于一致性状态。例如，从账户 A 转 1000 元到账户 B，如果账户 A 上的钱减少了，而账户 B 上的钱却没有增加，那么我们认为此时数据处于不一致的状态。

3) 隔离性 (Isolation)

隔离性是当多个事务并发执行时，一个事务的执行不能被其他事务干扰。即一个事务内部的操作及使用的数据对并发的其他事务是隔离的。

4) 持久性 (Durability)

持久性是指事务完成后，对数据库中数据的改变将是永久性的。当事务提交之后，数据会持久化到硬盘，即使系统崩溃也不会丢失。

2. 事务分类

MySQL 的事务分为以下两种。

1) 自动提交事务

MySQL 命令行默认事务都是自动提交的。一个 SQL 语句就是一个事务，即执行 SQL 语句后要么被提交，要么回滚。如 SQL 的 CREATE、ALTER、DROP、INSERT、DELETE、UPDATE、SELECT、GRANT、REVOKE 等命令的执行都是自动提交事务。

2) 显式事务

显式事务是用户显式定义事务的启动和结束。

语法格式：

```
BEGIN
```

或者

```
START TRANSACTION( 常用 )
```

7.3.2　事务控制语句

1. 开启事务

语法格式：

```
START TRANSACTION
```

说明：

用于显式地开启一个事务。MySQL 不允许事务嵌套，开启一个新的事务后，会自动提交前面开启的事务。

2. 提交事务

语法格式：

```
COMMIT
```

说明：

将事务对数据所做的修改进行永久保存，同时结束当前事务，释放连接时占用的资源。

3. 回滚事务

语法格式：

```
ROLLBACK
```

说明：

撤销正在进行的所有未提交的操作，数据状态回滚到事务开始前，同时结束当前事务。

【例 7-18】　事务的回滚。删除 study 表的副本 cj 表中的所有数据，利用 rollback 撤销该删除操作。

本例操作命令如下：

```
CREATE TABLE cj AS SELECT * FROM study;
START TRANSACTION;
DELETE FROM cj;
ROLLBACK;
SELECT * FROM cj;
```

可以看到，cj 表中的数据并没有被删除。

【例 7-19】　事务的开启与提交。在 dbschool 数据库中，删除学号为"21110102"的学生的所有记录。

因为在 student 表和 study 表中分别保存有该学生的个人信息和该学生所选修课程的成绩信息，为了保证数据的一致性，要求对两表中所有涉及该学号的学生信息，要么都删除，要么都不删除。为了不破坏源数据，分别对 student 和 study 表建立副本 xs 和 cj。

```
CREATE TABLE xs AS SELECT * FROM student;
CREATE TABLE cj AS SELECt * FROM study;
```

将两表中要删除的学生信息筛选出来，以验证事务处理的效果，操作命令如下：

```
SELECT * FROM xs WHERE sno="21110102";
SELECT * FROM cj WHERE sno="21110102";
```

开启事务并提交，操作命令如下：

```
START TRANSACTION;
DELETE FROM xs WHERE sno="21110102";
DELETE FROM cj WHERE sno="21110102";
COMMIT;
```

再次查询两表的数据，发现学号为 "21110102" 的学生记录和成绩记录都已经被删除。说明两个 delete 语句作为一个整体事务被提交执行了。其操作命令如下：

```
SELECT * FROM xs WHERE sno="21110102";
SELECT * FROM cj WHERE sno="21110102";
```

结果如图 7-10 所示。

```
mysql> SELECT * FROM xs WHERE sno="21110102";
+----------+--------+--------+------------+--------+--------------+---------+
| sno      | sname  | gender | birthday   | nation | subject      | classid |
+----------+--------+--------+------------+--------+--------------+---------+
| 21110102 | 吴昊天 | 男     | 2002-03-17 | 汉     | 大数据与会计 | 211101  |
+----------+--------+--------+------------+--------+--------------+---------+
1 row in set (0.00 sec)

mysql> SELECT * FROM cj WHERE sno="21110102";
+----------+-------+-------+
| sno      | cno   | score |
+----------+-------+-------+
| 21110102 | 11003 | 52.0  |
| 21110102 | 11004 | 85.0  |
+----------+-------+-------+
2 rows in set (0.00 sec)

mysql> START TRANSACTION;
Query OK, 0 rows affected (0.00 sec)

mysql> DELETE FROM xs WHERE sno="21110102";
Query OK, 1 row affected (0.00 sec)

mysql> DELETE FROM cj WHERE sno="21110102";
Query OK, 2 rows affected (0.00 sec)

mysql> COMMIT;
Query OK, 0 rows affected (0.01 sec)

mysql> SELECT * FROM xs WHERE sno="21110102";
Empty set (0.00 sec)

mysql> SELECT * FROM cj WHERE sno="21110102";
Empty set (0.00 sec)
```

图 7-10　事务的开启和提交

课 后 练 习

一、单选题

1. 以下对视图的描述错误的是 (　　)。

A. 是一个虚拟表　　　　　　　　　B. 在数据库中存储的是视图的定义

C. 可以像查询表一样查询视图　　　D. 在数据库中存储的是视图中的数据

2. 以下关于视图的描述正确的是 (   )。

A. 视图是一个虚拟表，视图中含有数据

B. 用户不允许使用视图修改基本表中的数据

C. 视图只能使用所属数据库中的表，不能使用其他数据库中的表

D. 视图既可以通过基本表定义，还可以通过其他视图创建

3. 以下 (   ) 情况应尽量创建索引。

A. 在 WHERE 子句中出现频率较高的列

B. 具有很多 NULL 值的列

C. 频繁更新的表

D. 表中列值很少的列

4. 有关主键索引的叙述正确的是 (   )。

A. 不同的记录可以有重复的空值

B. 表的主键只能是一个字段

C. 表的主键可以是一个或多个字段

D. 表中主键的类型必须定义为文本

5. (   ) 包含了一组数据库操作命令，所有命令作为一个整体向系统提交或撤销。

A. 事务   B. 插入

C. 更新   D. 删除

二、填空题

1. 使用 _____ 命令可以查看数据库中的表和视图的名称及类型。

2. 删除视图 v_student 的命令是 _____。

3. 执行 "CREATE UNIQUE INDEX ix_nation ON student(nation);" 语句将在 student 表的 _____ 字段上创建名为 _____ 的 _____ 索引。

4. 一个表至多可以有 _____ 个主键索引。

5. 执行 _____ 命令提交事务，该事务可以用 _____ 命令回滚。

知识延伸

在 Linux 系统下，管理与维护 MySQL 数据库是一个关键的任务，它涉及到多个方面，包括安装、配置、性能优化、备份和恢复等。下面是一些关于 Linux 索引的说明：通过本次实际案例体会建立索引带来的好处：

目的描述：首先我们需要准备一个 5 000 000 条数据的表格，确保每条记录中的一个字段不同，以方便后面测试。

(1) 选择 test 数据库 (编码格式为：utf8；排序规则：utf8_general_ci)。

相关操作命令如下：

```
USE test;
```

（2）创建一个 student 表。

相关操作命令如下：

```
DROP TABLE IF EXISTS `student`;
CREATE TABLE `student` (
 `id` int(11) NOT NULL AUTO_INCREMENT,
 `name` varchar(255) CHARACTER SET utf8 COLLATE utf8_general_ci NOT NULL,
 `sex` char(1) CHARACTER SET utf8 COLLATE utf8_general_ci NOT NULL,
 `education` varchar(255) CHARACTER SET utf8 COLLATE utf8_general_ci NOT NULL,
 `randnum` char(32) CHARACTER SET utf8 COLLATE utf8_general_ci NOT NULL,
 PRIMARY KEY (`id`) USING BTREE
) ENGINE = InnoDB AUTO_INCREMENT = 5052348 CHARACTER SET = utf8 COLLATE = utf8_
general_ci ROW_FORMAT = Dynamic;
```

（3）定义函数过程：插入 5000000 条数据。

相关操作命令如下：

```
CREATE DEFINER=`root`@`localhost` PROCEDURE `insertRecords`()
BEGIN
    DECLARE c int DEFAULT 0; -- 声明 c 默认为 0，int 类型
    WHILE c < 5000000 DO
        INSERT into student(`name`,sex,education,randnum) VALUES(" 小王 ",' 男 '," 苏州是职业
大学 ",REPLACE(UUID(),'-','')); -- 其中 randnum 使用 uuid() 生成
        set c = c+1;
    END WHILE;
END
```

此时数据库、表以及函数过程创建好了，接下来调用函数来插入 500 万条数据。

（4）执行插入语句。

```
CALL INSERT Records()
```

开始测试：

① 简单查询有索引与无索引的字段：可看到 id 是主键，默认带有索引，如图 7-11 所示。

字段	索引	外键	触发器	选项	注释	SQL 预览				
名			类型	长度	小数点	不是 null	虚拟	键	注释
▶ id			int	11	0	☑	☐	🔑1	
name			varchar	255	0	☑	☐		
sex			char	1	0	☑	☐		
education			varchar	255	0	☑	☐		
randnum			char	32	0	☑	☐		

图 7-11　主键默认带有索引

查询带有索引的主键 id，如图 7-12 所示。

```
SELECT * FROM student WHERE id = 5000000;
```

图 7-12　带有索引的主键数据

查询没有带索引的 randnum(也就是第 5 000 000 条)，如图 7-13 所示。

图 7-13　没有带索引的 randnum 数据

② 接下来设置 randnum 为索引再次查询测试一下。

设置索引内容 randnum，如图 7-14 所示。

字段	索引	外键	触发器	选项	注释	SQL 预览		
名		字段				索引类型	索引方法	注释
I randnum		`randnum`				NORMAL	BTREE	
						普通	B树	

图 7-14　设置 randnum 为索引内容

设置好索引之后，再测试一下，如图 7-15 所示。

图 7-15　索引设置后的测试数据

这个速度由原来的 2.664 s 提高到 0.025 s，速度提高了 106 倍。

项目 8

数 据 库 编 程

 素质目标

- 具有独立思考与独立完成数据库编程的能力；
- 具备举一反三的能力和优化数据库编程思维。

知识目标

- 熟练掌握存储过程的创建和使用；
- 掌握存储函数的创建和使用；
- 掌握触发器和事件的功能及触发机制。

能力目标

- 熟悉流程控制语句，能够编写出高水准的数据库程序，确保程序的稳定性和效率；
- 能够根据实际需求，灵活调整并优化函数和存储过程，提升数据库性能；
- 熟练运用触发器和事件机制，解决实际问题，确保数据库操作的高效性和准确性。

▶ 案例导入

在学生成绩管理系统中，SQL 语句的使用是不可或缺的。对于简单的数据查询、插入、更新和删除操作，通常可以直接使用单条 SQL 语句来完成。然而，当面对复杂且用户频繁进行的操作时，仅仅依靠单条 SQL 语句可能无法满足需求，此时，创建能重复使用且高性能的存储过程就显得尤为重要。

在学生成绩管理系统中，可以创建一些常用的存储过程，例如查询学生成绩、计算平均分、更新学生信息等。这些存储过程可以根据实际需求进行定制，以满足特定的业务逻辑。通过调用这些存储过程，可以快速地完成复杂的数据处理任务，而无须编写大量的 SQL 代码。

除了存储过程外，在学生成绩管理系统中，可以利用触发器来实现数据的完整性和一致性控制。例如，可以创建一个触发器来限制只能修改成绩在 60 分以上的学生的信息，或者在删除学生信息前检查该学生是否有未完成的课程等。这些规则可以通过触发器的逻辑来实现，从而确保数据库的数据符合业务要求。

任务 8.1　编 程 基 础

常量和变量

8.1.1　常量和变量

1. 常量

常量是指在程序运行过程中值不会改变的量。常用的常量类型包括字符串常量、数值常量、日期时间常量、布尔常量等。

1) 字符串常量

字符串常量是指单个或多个字符组成的固定值，要用英文单引号或双引号将其括住，如 ' 你好 '、"MySQL 数据库技术 "。

2) 数值常量

数值常量是指在整个操作过程中其值保持不变的数据，用来表示一个特定的数值，包括整数和浮点数，如 123，3.14，还可以用科学记数法表示，如 1.23E6。

3) 日期时间常量

日期时间常量通常包括日期型常量和日期时间型常量两种。日期型常量的表示方式为"yyyy-mm-dd"，如 '2022-12-12'；日期时间型常量的表示方式为 "yyyy-mm-dd hh:mm:ss"，如 '2022-12-12 11:25:35'。两者在使用时均要使用英文单引号或双引号定界。

4) 布尔常量

布尔常量有两个值：逻辑真 (True) 和逻辑假 (False)，分别用 1 和 0 表示。

2. 变量

变量是指程序运行时会变化的量，常用于存储临时数据。MySQL 变量包括系统变量、用户变量和局部变量。

1) 系统变量

MySQL 内置了许多系统变量，由系统定义，带有前缀 @@，包括全局变量和会话变量。

• 全局 (Global) 变量：影响整个服务器的参数，在 MySQL 启动时由服务器的 my.ini 自动初始化默认值。用户不能定义全局变量，但可以通过 my.ini 文件来修改全局变量，而且必须具有 SUPER 权限。

• 会话 (Session) 变量：每当建立一个新连接时，由 MySQL 服务器将当前所有全局变量值复制一份给会话变量完成初始化，它只影响当前用户的数据库连接。设置会话变量不需要特殊权限，但客户端只能更改自己的会话变量，不能更改其他客户端的会话变量。

【例 8-1】 查看当前使用的 MySQL 版本号和系统变量。

本例操作命令如下：

```
SELECT @@VERSION;
SHOW VARIABLES;
```

2) 用户变量

用户变量带有前缀 @，只能被定义它的用户使用，作用于当前用户整个连接，当前连接一旦断开，所定义的用户变量全部被释放。用户变量和局部变量一样，可以使用 SET 语句 (常用) 和 SELECT 语句进行定义和赋值，可直接使用。

```
SET 语句语法格式：
SET @ 用户变量 1= 表达式 1[,@ 用户变量 2= 表达式 2,…]
```

3) 局部变量

局部变量指用于存储过程的变量，作用域为定义它的语句块，语句块执行完毕后，局部变量就会被释放。

局部变量必须先定义后使用。用 DECLARE 声明定义，只在 BEGIN 和 END 语句块之间有效。

语法格式：

```
DECLARE 变量名 1 [, 变量名 2] … 类型 [DEFAULT 值 ]
```

说明：

(1) 如果省略 DEFAULT 子句，则默认值是 NULL。

(2) MySQL 局部变量要在存储过程或存储函数中声明，存储过程或存储函数的参数也属于局部变量。

【例 8-2】 定义局部变量 a，类型为 int，值为 100；定义用户变量 x 和 y，其值分别是 10 和 3。

本例操作命令如下：

```
DECLARE a int;
SET a=100;
SET @x=10,@y=3;
```

8.1.2 流程控制

流程控制用来控制程序的执行流程。流程控制结构通常包括顺序结构、分支结构和循环结构 3 种。在 MySQL 中，流程控制语句只能放在存储过程体、存储函数体中，不能单独执行。

1. 分支语句

1) IF…THEN…ELSE 语句

语法格式：

```
IF 条件 1  THEN
    语句序列 1
[ELSEIF 条件 2 THEN
    语句序列 2]…
[ELSE
    语句序列 n]
END IF
```

【例 8-3】 判断整数 n 的奇偶性。

本例操作命令如下：

```
SET @n=5;
IF @n%2=0 THEN
    SELECT  @n,' 是偶数 ' AS 类型 ;
    ELSE
    SELECT  @n,' 是奇数 ' AS 类型 ;
    END IF;
```

2) CASE 语句

CASE 语句用于实现分支处理，在项目 5 中已涉及，这里仅介绍在存储过程中的用法。

语法格式：

```
CASE 条件表达式
    WHEN 值 1 THEN 语句序列 1
    [WHEN 值 2 THEN 语句序列 2 …
    [ELSE 语句序列 n]
END CASE
```

或者

```
CASE
    WHEN 条件表达式 1 THEN 语句序列 1
    [WHEN 条件表达式 2 THEN 语句序列 2 …
    [ELSE 语句序列 n]
END CASE
```

说明:

(1) 第 1 种格式中,将条件表达式与一组简单表达式进行比较以确定结果。当条件表达式的值与 WHEN 选项后的值相等时,则执行对应的语句序列,若未找到匹配项,则执行 ELSE 后的语句序列 n。

(2) 第 2 种格式中,依次判断 WHEN 选项后的条件表达式的值是否为 TRUE,若为 TRUE,则执行对应的语句序列,若所有的条件表达式的值均为 FALSE,则执行 ELSE 后的语句序列 n。若无 ELSE 子句,则返回为 NULL。

【例 8-4】 根据月份 mon 判断其所属的季度。

本例操作命令如下:

```
CASE
    WHEN mon IN(1,2,3) THEN SET quarter_name=' 一季度 ';
    WHEN mon IN(4,5,6) THEN SET quarter_name=' 二季度 ';
    WHEN mon IN(7,8,9) THEN SET quarter_name=' 三季度 ';
    WHEN mon IN(10,11,12) THEN SET quarter_name=' 四季度 ';
    ELSE SET quarter_name=' 非法的月份输入! ';
END CASE;
```

2. 循环语句

循环语句是重复执行的语句块,该语句块可包括一条或多条语句。在 MySQL 中,有 WHILE 语句、REPEAT 语句和 LOOP 语句 3 种循环语句。

1) WHILE 循环语句

语法格式:

```
WHILE 条件表达式 DO
    语句序列
END WHILE
```

说明:

首先判断条件是否为真,如果为真则执行语句序列,然后再次进行判断,为真则继续循环,否则结束循环。

【例 8-5】 输出前 100 个自然数的和。

本例操作命令如下:

```
DECLARE i,rs int DEFAULT 0;
WHILE i<=100 DO
    SET rs=rs+i;
    SET i=i+1;
END WHILE;
SELECT rs;
```

2) LOOP 语句

LOOP 语句允许使某些特定的语句重复执行,实现一个简单的循环。

语法格式:

```
LOOP
    语句序列
END LOOP
```

说明:

LOOP 语句必须和 LEAVE 语句结合使用来停止循环。

【例 8-6】 使用 LOOP 语句创建一个执行 5 次的循环。

本例操作命令如下:

```
SET @x=5;
Label:LOOP
    SET @x=@x-1;
    IF @x<1 THEN
        LEAVE Label;
    END IF;
    END LOOP Label;
```

3) REPEAT 语句

REPEAT 语句是有条件控制的循环语句。当满足特定条件时,就会跳出循环语句。

语法格式:

```
REPEAT
    语句序列
    UNTIL 条件表达式
END REPEAT
```

说明:

首先执行语句序列,然后进行条件判断,条件为真时继续循环,不为真时停止循环。

任务 8.2 存 储 过 程

存储过程 (Stored Procedure) 是 SQL 查询语句与控制流语句的预编译集合,并以特定的名称保存在数据库中,每个存储过程都实现一个特定的功能。存储过程也是数据库对象。可以在存储过程中声明变量、编写 SQL 语句、使用流程控制语句来实现存储过程的功能。

存储过程的特点如下:

(1) 代码复用:存储过程能将数据库操作过程中频繁使用的 SQL 语句组织在一起,供多个应用程序调用,从而提高程序代码的复用性。

(2) 提高性能:存储过程中可以包含复杂的查询或 SQL 操作,它们已被编译并存储在数据库中。存储过程在服务器端运行,避免了频繁的网络传输,执行速度快,也提高了系统性能。

(3) 数据安全性：使用存储过程可以完成所有数据库操作，存储过程可以对敏感数据进行封装和保护，只有通过授权的用户才能访问。

MySQL 的存储过程可分为无参数存储过程和有参数存储过程两大类。有参数存储过程支持 3 种类型的参数：输入参数、输出参数和输入 / 输出参数。

8.2.1　创建和调用存储过程

1. DELIMITER 命令

创建和管理
存储过程

在 MySQL 中，服务器处理语句的结束标志是分号。但在创建存储过程时，存储过程体中可能包含多个 SQL 语句，每个 SQL 语句都以分号为结束标志。为了防止服务器处理程序时遇到第一个分号结束程序，可以使用 DELIMITER 命令将 MySQL 语句的结束标志修改为其他符号。

语法格式：

```
DELIMITER  $$
```

说明：

这里的 $$ 是用户定义的结束符，它可以是一些特殊的符号，如两个"#"、两个"//"等。如使用"DELIMITER //"命令将 MySQL 结束符修改为"//"符号。如果要恢复使用分号";"作为结束符，运行"DELIMITER ;"命令即可。

2. 创建存储过程

语法格式：

```
CREATE PROCEDURE [IF NOT EXISTS] 存储过程名 ([ [ IN | OUT | INOUT ] 参数名 类型 ])
BEGIN
    存储过程体
END
```

说明：

(1) 存储过程默认在当前数据库中创建，如果要在指定数据库中创建，可在存储过程名前加上"数据库名 ."，即"数据库名 . 存储过程名"。

(2) 存储过程的命名必须遵守标识符的命名规则，建议在存储过程名前加上"proc_"前缀，以区别于其他数据库对象。

(3) 存储过程可以有 0 个或多个参数，没有参数时，存储过程名后面的括号也不能省略。使用参数时，要指明参数类型、参数名称和参数的数据类型，多个参数之间要用英文逗号隔开。

(4) 存储过程体通常要用 BEGIN-END 括起来，当存储过程体中只有一条 SQL 语句时可以省略 BEGIN-END 标识。

3. 调用存储数据

语法格式：

```
CALL 存储过程名 ([ 参数 1, 参数 2,…])
```

说明：

调用无参数存储过程时，存储过程名后的括号可以省略；调用有参数存储过程时，调用语句中的参数个数必须和存储过程定义时的参数一一对应。

【例 8-7】 在 dbschool 数据库中，创建一个无参数的存储过程 proc_1，输出 student 表中所有少数民族学生的信息。

存储过程的创建及调用结果如图 8-1 所示。

```
mysql> USE dbschool
Database changed
mysql> DROP PROCEDURE IF EXISTS proc_1;
Query OK, 0 rows affected (0.01 sec)

mysql> DELIMITER //
mysql> CREATE PROCEDURE proc_1()
    → BEGIN
    →  SELECT * FROM student WHERE nation<>'汉';
    → END //
Query OK, 0 rows affected (0.00 sec)

mysql> DELIMITER ;
mysql> CALL proc_1();
+----------+--------+--------+------------+--------+------------------+---------+
| sno      | sname  | gender | birthday   | nation | subject          | classid |
+----------+--------+--------+------------+--------+------------------+---------+
| 21120101 | 江山   | 女     | 2002-08-30 | 回     | 会计信息管理     | 211201  |
| 21220101 | 章炯   | 女     | 2001-11-10 | 壮     | 人工智能技术应用 | 212201  |
| 22110101 | 李丽   | 女     | 2004-02-23 | 侗     | 大数据与会计     | 221101  |
| 22230101 | 王一博 | 男     | 2003-11-16 | 回     | 计算机应用技术   | 222301  |
| 22330101 | 王小辉 | 男     | 2004-03-20 | 傣     | 物流管理         | 223301  |
+----------+--------+--------+------------+--------+------------------+---------+
5 rows in set (0.00 sec)

Query OK, 0 rows affected (0.01 sec)
```

图 8-1 创建和调用无参数存储过程

【例 8-8】 打开 MySQL Workbench，在左侧数据库列表窗格中展开 dbschool 数据库，右击 stored procedures，在弹出的快捷菜单中执行 "create stored procedure..." 命令，在右窗格中会显示新建的存储过程框架，修改存储过程名为 "proc_2"，输入参数为 "in mz varchar(10)"，结果如图 8-2 所示。

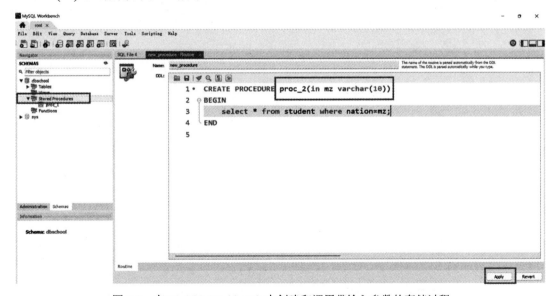

图 8-2 在 MySQL Workbench 中创建和调用带输入参数的存储过程

单击 Apply 按钮后，在左窗格中查看已创建的存储过程，如图 8-3 所示。

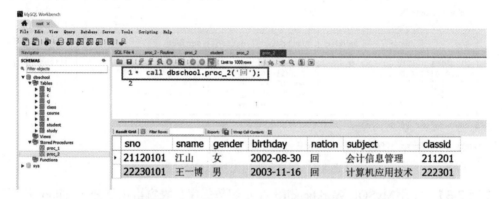

图 8-3　存储过程创建成功

单击存储过程右侧的运行按钮，输入参数值"回"，不但可以看到执行结果，还可以看到调用存储过程的命令，如图 8-4 所示。

图 8-4　在 MySQL Workbench 中调用存储过程

【例 8-9】　在 dbschool 数据库中，创建一个带输入输出参数的存储过程 proc_3，当输入不同民族值时，输出该民族的学生人数。

存储过程的创建及调用结果如图 8-5 所示。

```
mysql> USE dbschool
Database changed
mysql> DELIMITER //
mysql> CREATE PROCEDURE  IF NOT EXISTS proc_3(IN mz varchar(10),OUT n int)
    → BEGIN
    → SELECT COUNT(*)  INTO n FROM student WHERE nation=mz;
    → SELECT n;
    → END //
Query OK, 0 rows affected, 1 warning (0.01 sec)

mysql> DELIMITER ;
mysql> CALL proc_3('汉',@num);
+------+
| n    |
+------+
| 11   |
+------+
1 row in set (0.00 sec)

Query OK, 0 rows affected (0.00 sec)

mysql> CALL proc_3('回',@num);
+------+
| n    |
+------+
| 2    |
+------+
1 row in set (0.00 sec)

Query OK, 0 rows affected (0.00 sec)
```

图 8-5　创建和调用带输入输出参数的存储函数

8.2.2 管理存储过程

1. 查看存储过程

(1) 查看指定数据库中的存储过程。

语法格式：

> SHOW PROCEDURE STATUS [LIKE ' 字符串模式 '] | [WHERE DB=' 数据库名 ']

说明：

省略可选项可以查看系统中的所有存储过程。

(2) 查看某个存储过程的详细信息，即定义脚本。

语法格式：

> SHOW CREATE PROCEDURE 存储过程

【例 8-10】 查看例 8-7 创建的存储过程及其定义。

本例操作命令如下：

> SHOW PROCEDURE STATUS WHERE db='dbschool'\G
>
> SHOW CREATE PROCEDURE proc_1\G

2. 删除存储过程

语法格式：

> DROP PROCEDURE[IF EXISTS] 存储过程名

说明：

一次只能删除一个存储过程。

8.2.3 游标

在存储过程和函数中，查询语句可能返回多条记录，使用游标可以实现逐条读取结果集中的记录。使用游标的另一个主要原因就是把集合操作转换成单个记录处理方式，游标充当指针的作用，尽管游标能遍历结果的所有行，但它一次只指向一行。

游标的优点如下：

(1) 允许程序对由查询语句 SELECT 返回的行集合中的每一行执行相同的或者不同的操作，而不是对整个行集合执行同一个操作。

(2) 提供对给予游标位置的表中的行进行删除和更新的能力。

(3) 游标实际上作为面向集合的数据管理系统 (RDBMS) 和面向行的程序设计之间的桥梁，使这两种处理方式通过游标沟通起来。

在 MySQL 命令行执行 "HELP DECLARE CURSOR;" 可以获得应用说明文档和官网文档的访问地址。游标的使用分为以下 4 个步骤。

1. 声明游标

语法格式：

> DECLARE 游标名称 CURSOR FOR SELECT 语句

2. 打开游标

语法格式：

> OPEN 游标名称

3. 使用游标

语法格式：

> FETCH [[NEXT] FROM] 游标名称 INTO 变量列表

说明：

(1) 变量列表的个数必须与声明游标时使用的 SELECT 语句生成的结果集中的字段个数保持一致。

(2) FETCH 用来读取数据，每次只能从结果集中提取一条记录，再次执行该语句时，从结果集中提取第二条记录，以此类推。因此，FETCH 语句通常要和循环语句配合使用。

4. 关闭游标

语法格式：

> CLOSE 游标名称

【例 8-11】 在 dbschool 数据库中建立一个应用游标的存储过程 proc_4，逐条读取 class 表的前 3 条记录数据。

游标的使用如图 8-6 所示。

```
mysql> USE dbschool
Database changed
mysql> DELIMITER //
mysql> CREATE PROCEDURE  IF NOT EXISTS proc_class_cur1()
    → BEGIN
    →  DECLARE bjh char(6);
    →  DECLARE bjm varchar(10);
    →  DECLARE yx varchar(10);
    →  DECLARE class_cur1 CURSOR FOR SELECT * FROM class;
    →  OPEN class_cur1;
    →  FETCH class_cur1 INTO bjh,bjm,yx;
    →  SELECT bjh,bjm,yx;
    →  FETCH class_cur1 INTO bjh,bjm,yx;
    →  SELECT bjh,bjm,yx;
    →  FETCH class_cur1 INTO bjh,bjm,yx;
    →  SELECT bjh,bjm,yx;
    →  CLOSE class_cur1;
    → END //
Query OK, 0 rows affected, 1 warning (0.00 sec)

mysql> DELIMITER ;
mysql> CALL proc_class_cur1();
+--------+-----------------------+--------------+
| bjh    | bjm                   | yx           |
+--------+-----------------------+--------------+
| 211101 | 21大数据与会计1班       | 会计学院      |
+--------+-----------------------+--------------+
1 row in set (0.00 sec)

+--------+-----------------------+--------------+
| bjh    | bjm                   | yx           |
+--------+-----------------------+--------------+
| 211201 | 21会计信息管理1班       | 会计学院      |
+--------+-----------------------+--------------+
1 row in set (0.00 sec)

+--------+-----------------------+--------------+
| bjh    | bjm                   | yx           |
+--------+-----------------------+--------------+
| 212110 | 21大数据10班           | 大数据学院    |
+--------+-----------------------+--------------+
1 row in set (0.00 sec)

Query OK, 0 rows affected (0.00 sec)
```

图 8-6　应用游标的存储过程及其调用

任务 8.3　存 储 函 数

MySQL 中的函数分为 MySQL 提供的内部函数和用户自定义函数两大类。在 MySQL 中，用户可以根据业务需求创建自定义存储函数来完成特定的功能，以避免重复编写相同的 SQL 语句，减少客户端和服务器的数据传输。

存储函数的定义格式和存储过程类似，但在存储函数中不用指定 IN、OUT；存储函数有返回值，必须定义函数返回值的数据类型。

8.3.1　创建存储函数

语法格式：

CREATE FUNCTION [IF NOT EXISTS] 存储函数名 ([参数列表])

RETURNS 类型

DETERMINSTIC

函数体

【例 8-12】　在 dbschool 数据库中创建一个获得不同民族学生人数的存储函数 func_1。存储函数的创建如图 8-7 所示。

```
mysql> USE dbschool
Database changed
mysql> DELIMITER //
mysql> CREATE FUNCTION IF NOT EXISTS func_1(mz varchar(10))
    → RETURNS integer
    → DETERMINISTIC
    → BEGIN
    →  RETURN(SELECT COUNT(*) FROM student WHERE nation=mz);
    → END //
Query OK, 0 rows affected, 1 warning (0.01 sec)

mysql> DELIMITER ;
```

图 8-7　创建存储函数

8.3.2　调用存储函数和删除存储函数

1. 调用存储函数

和内置函数一样，使用 SELECT 关键字调用。

语法格式：

SELECT 存储函数名 ([参数列表])

【例 8-13】　调用例 8-12 创建的函数 func_1，输出同民族学生人数。

调用存储函数的执行结果如图 8-8 所示。

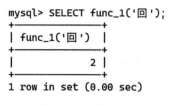

图 8-8　调用存储函数

2. 删除存储函数

语法格式：

> DROP FUNCTION 存储函数名

任务 8.4　触　发　器

8.4.1　触发器概述

触发器是特殊的存储过程，用于保护表中的数据，常用来实现比外键约束更复杂的业务规则，使得表与表之间的数据依赖问题直接在数据库层面得到解决。

触发器不是直接由程序调用的，也不是直接手工调用的，而是由数据处理的操作动作来触发调用，从而实现数据库中数据的完整性。

触发器可通过 INSERT、UPDATE 和 DELETE 三个操作来触发表数据的插入、修改、删除，即当数据表有插入、更改或删除事件发生时，相应触发器的内容会自动触发执行。一个触发器可指定一个或多个触发操作，同一个表可使用多个触发器，即使是同一类型的表也可有多个触发器。

8.4.2　创建触发器

1. 关键字 NEW 和 OLD

触发器中的 NEW 和 OLD 关键字用来表示触发器正在触发操作的一行记录数据。

语法格式：

> NEW.col_name|OLD.col_name

说明：

(1) OLD 是只读的，而 NEW 则可以在触发器中使用 SET 赋值，这样不会再次引起触发器触发，以免造成循环调用。

(2) INSERT 触发器中，NEW 表示将要 (BEFORE) 或已经 (AFTER) 插入的新记录数据。

(3) UPDATE 触发器中，OLD 表示将要或已经被修改的原记录数据，NEW 表示将要或已经修改的新记录数据。

(4) DELETE 触发器中，OLD 表示将要或已经被删除的原记录数据。

2. 创建触发器

语法格式：

```
CREATE TRIGGER 触发器名 触发时间 触发事件
ON 表名 FOR EACH ROW
触发器动作
```

说明：

(1) 触发时间有 [BEFORE|AFTER] 两个选项，表示触发器在激活它的语句之前或之后触发。BEFORE 表示触发器在检查约束前触发，AFTER 表示触发器在检查约束成功完成后触发。

(2) 触发事件有 [INSERT|UPDATE|DELETE]，必须至少指定一个选项。指定在表上执行哪些数据处理时将激活触发器。触发器只能在表上创建。

(3) FOR EACH ROW 表示当触发器影响多行时，每行都受影响，均激活一次触发器。

(4) 触发器动作表示触发执行的 SQL 语句。如果要执行多个语句，可使用 BEGIN-END 括住。

(5) 触发器不能返回结果到客户端，因此，不要在触发器动作中包含 SELECT 语句。

【例 8-14】 分别对 student 表和 study 表建立副本，名字为 s 表和 cj 表。创建触发器 tri_del，当删除 s 表中学生"孙月茹"的信息时，会同时删除 cj 表中该学生的成绩信息。

先创建 student 表和 study 表的副本 s 表和 cj 表。操作命令如下：

```
CREATE TABLE s AS SELECT * FROM student;
CREATE TABLE cj AS SELECT * FROM study;
```

再创建删除触发器 tri_del。操作命令如下：

```
DELIMITER //
CREATE TRIGGER tri_del BEFORE DELETE on s FOR EACH ROW
BEGIN
    DELETE FROM cj WHERE sno=old.sno;
END //
DELIMITER ;
```

说明：

本例中触发事件采用 BEFORE 的原因是，s 为主表，cj 为子表，要删除主表的数据，必须先删除子表的数据。

3. 查看触发器

语法格式：

```
SHOW TRIGGERS\G
```

说明：

查看触发器的基本信息。

【例 8-15】 查看例 8-14 创建的触发器，并删除 s 表中学生"孙月茹"的信息。

查看 dbschool 中的触发器。其操作命令如下：

```
SHOW TRIGGERS\G
```

在删除 s 表中学生"孙月茹"的信息前，先查看该学生的学号为"22420101"，根据该学号查看该学生的成绩信息。其操作命令如下：

```
SELECT * FROM s WHERE sname=' 孙月茹 ';
SELECT * FROM cj WHERE sno='22420101';
```

从 s 表中删除该学生后，查看 s 表和 cj 表中的信息。其操作命令如下：

```
DELETE FROM s WHERE sno='22420101';
SELECT * FROM s WHERE sname=' 孙月茹 ';
SELECT * FROM cj WHERE sno='22420101';
```

可以看到，学号为"22420101"的学生信息在两个表中都不存在了。

8.4.3 删除触发器

语法格式：

```
DROP TRIGGER [IF EXISTS] 触发器名
```

【例 8-16】 删除例 8-14 创建的触发器 tri_del。

本例操作命令如下：

```
DROP TRIGGER IF EXISTS tri_del;
SHOW TRIGGERS;
```

任务 8.5 事   件

事件 (Event) 是 MySQL 在相应的时刻调用的过程的数据库对象，可以作为定时任务调度器，取代部分原来只能用操作系统的计划任务才能执行的工作。另外，MySQL 的事件可以实现每秒执行一个任务，这在一些对实时性要求较高的环境下是非常实用的。

事件调度器是定时触发执行的，它与触发器的不同之处在于，触发器只针对某个表产生的事件执行一些语句，而事件调度器则是在某一段 (间隔) 时间执行一些语句。

8.5.1 创建和查看事件

1. 创建事件

语法格式：

```
CREATE EVENT [IF NOT EXISTS] 事件名 ON SCHEDULE 时间调度 DO 触发事件
```

说明：

(1) 事件调度用于指定事件何时发生或每隔多长时间发生一次，可以有以下取值：

AT 时间点 [+ INTERVAL 时间间隔]

表示事件在指定的时间点发生，如果后面再加上时间间隔，则表示在这个时间间隔后事件发生。

EVERY interval [STARTS 时间点 [+INTERVAL 时间间隔]]

[ENDS 时间点 [+INTERVAL 时间间隔]]

表示事件在指定时间区间内每隔多长时间发生一次，其中 STARTS 用于指定开始时间；ENDS 用于指定结束时间。

(2) 一些常用的时间间隔设置。

每隔 5 s 执行：ON SCHEDULE EVERY 5 SECOND

每隔 1 min 执行：ON SCHEDULE EVERY 1 MINUTE

每天凌晨 1 点执行：ON SCHEDULE EVERY 1 DAY STARTS DATE_ADD(DATE_ADD (CURDATE(), INTERVAL 1 DAY), INTERVAL 1 HOUR)

每个月的第一天凌晨 1 点执行：ON SCHEDULE EVERY 1 MONTH STARTS DATE_ADD (DATE_ADD(DATE_SUB(CURDATE(),INTERVAL DAY(CURDATE())-1 DAY),INTERVAL 1 MONTH),INTERVAL 1 HOUR)

每 3 个月，从现在起一周后开始：ON SCHEDULE EVERY 3 MONTH STARTS CURRENT_ TIMESTAMP + 1 WEEK

每 12 个小时，从现在起 30 min 后开始，并于现在起 4 个星期后结束：ON SCHEDULE EVERY 12 HOUR STARTS CURRENT_TIMESTAMP + INTERVAL 30 MINUTE ENDS CURRENT_TIMESTAMP + INTERVAL 4 WEEK

(3) 触发事件，包含激活时将要执行的语句。

2. 查看事件

语法格式：

```
SHOW EVENTS\G
```

【例 8-17】 创建名称为 event_kc_update 的事件，用于每隔 1 min 对 course 表的副本 kc 中第 1 学期开设课程的课时数加 1。

本例操作命令如下：

```
USE dbschool;
# 创建 course 表的副本 kc
CREATE TABLE kc AS SELECT * FROM course;
```

事件创建和查看如图 8-9 所示。

```
mysql> USE dbschool
Database changed
mysql> SHOW EVENTS\G
Empty set (0.00 sec)

mysql> DELIMITER //
mysql> CREATE EVENT IF NOT EXISTS eve_kc_update ON SCHEDULE EVERY 1 MINUTE
    → DO
    → BEGIN
    →  UPDATE kc SET period=period+1 WHERE term='1';
    → END //
Query OK, 0 rows affected (0.01 sec)

mysql> DELIMITER ;
mysql> SHOW EVENTS\G
*************************** 1. row ***************************
                  Db: dbschool
                Name: eve_kc_update
             Definer: root@localhost
           Time zone: SYSTEM
                Type: RECURRING
          Execute at: NULL
      Interval value: 1
      Interval field: MINUTE
              Starts: 2024-08-22 19:51:47
                Ends: NULL
              Status: ENABLED
          Originator: 1
character_set_client: utf8mb4
collation_connection: utf8mb4_0900_ai_ci
  Database Collation: utf8mb4_0900_ai_ci
1 row in set (0.00 sec)
```

图 8-9   事件的创建和查看

事件的执行结果如图 8-10 所示。

```
mysql> SELECT term,cname,period,NOW() FROM kc WHERE term='1';
+------+--------------+--------+---------------------+
| term | cname        | period | NOW()               |
+------+--------------+--------+---------------------+
| 1    | 经济数学     |     54 | 2024-08-22 21:50:20 |
| 1    | 大学英语     |     70 | 2024-08-22 21:50:20 |
| 1    | 基础会计     |     70 | 2024-08-22 21:50:20 |
| 1    | 计算机网络   |     70 | 2024-08-22 21:50:20 |
| 1    | 现代物流概论 |     70 | 2024-08-22 21:50:20 |
| 1    | 民航概论     |     70 | 2024-08-22 21:50:20 |
| 1    | 金融学基础   |     70 | 2024-08-22 21:50:20 |
+------+--------------+--------+---------------------+
7 rows in set (0.00 sec)

mysql> SELECT term,cname,period,NOW() FROM kc WHERE term='1';
+------+--------------+--------+---------------------+
| term | cname        | period | NOW()               |
+------+--------------+--------+---------------------+
| 1    | 经济数学     |     55 | 2024-08-22 21:51:05 |
| 1    | 大学英语     |     71 | 2024-08-22 21:51:05 |
| 1    | 基础会计     |     71 | 2024-08-22 21:51:05 |
| 1    | 计算机网络   |     71 | 2024-08-22 21:51:05 |
| 1    | 现代物流概论 |     71 | 2024-08-22 21:51:05 |
| 1    | 民航概论     |     71 | 2024-08-22 21:51:05 |
| 1    | 金融学基础   |     71 | 2024-08-22 21:51:05 |
+------+--------------+--------+---------------------+
7 rows in set (0.00 sec)
```

图 8-10   事件的执行结果对比

8.5.2 启动与关闭事件

1. 启动事件

语法格式:

ALTER EVENT 事件名 ENABLE

2. 关闭事件

语法格式:

ALTER EVENT 事件名 DISABLE

8.5.3 删除事件

语法格式:

DROP EVENT 事件名

【例 8-18】 关闭例 8-15 创建的事件 eve_kc_update,再删除该事件,最后查看该事件。

本例操作命令如下:

```
alter event eve_kc_update DISABLE;
drop event eve_kc_update;
show events\G
```

课 后 练 习

一、单选题

1. MySQL 所支持的触发器不包括 ( )。

A. insert 触发器　　　　　　　　B. delete 触发器

C. check 触发器　　　　　　　　D. update 触发器

2. 在 WHILE 循环语句中,如果循环体语句条数多于一条,必须使用 ( )。

A. BEGIN-END　　　　　　　　B. WHILE-END WHILE

C. IF-END IF　　　　　　　　　D. CASE-END CASE

3. MySQL 为每个触发器创建了两个临时表 ( )。

A. MAX 和 MIN　　　　　　　　B. AVG 和 SUM

C. int 和 char　　　　　　　　　D. OLD 和 NEW

4. 通过以下 ( ) 语句关闭事件 e_test。

A. ALTER EVENT e_test DISABLE

B. ALTER EVENT e_test DROP

C. ALTER EVENT e_test ENABLE

D. ALTER EVENT e_test DELETE

5. 下列 (　　) 语句用来定义游标。

A. CREATE

B. DECLARE

C. DECLARE…CURSOR FOR…

D. SHOW

二、填空题

1. MySQL 使用 _____ 关键字调用存储过程。

2. 当数据表被修改时，能自动执行的对象是 _____。

3. 存储函数使用 _____ 命令调用。

4. 触发器的触发时间有 _____ 和 _____ 两个选项。

5. 查看事件的命令是 _____。

知识延伸

在 Linux 环境下，MySQL 数据库的数据操作无疑是一项至关重要的任务，无论是在个人项目、小型应用，还是大型企业级系统中，MySQL 都扮演着数据存储和管理的核心角色。

MySQL 数据库编程主要涉及 3 个知识点：存储过程、函数和触发器。其中最重要、最常用的就是存储过程，编写存储过程所涉及的变量定义、流程控制、循环遍历、游标操作等语句，同样适用于函数和触发器。

除了基本的数据操作外，MySQL 还提供了许多高级功能，如索引、视图、存储过程和触发器等。这些功能可以帮助我们更好地管理和优化数据库性能。在 Linux 环境中对 MySQL 数据库执行数据操作时，我们必须着重关注数据的保密性和完整性。这包括设置合适的权限和访问控制，以防止未经授权的访问和数据泄露；同时，我们还需要确保数据的完整性和一致性，避免出现数据损坏或丢失的情况。下面介绍一个具体的操作案例——存储过程与触发器。

MySQL 数据库管理系统中，存储过程和触发器是两个重要的概念，在实际应用中，存储过程常用于复杂查询、批量数据处理和业务逻辑封装；触发器常用于数据完整性约束、数据操作审计和业务规则处理。它们可以帮助开发人员提高数据库的性能、简化复杂的操作流程，并实现更高级的业务逻辑。

存储过程其实就是一组预先编译好的 SQL 语句，被保存在数据库中并可以被多次调用执行。它类似于函数，可以接受参数并返回结果。可以在需要的时候被调用执行，让用户轻松应对海量数据的操作。

触发器是一种特殊的存储过程，它与数据库的表相关联，当表上的特定事件 (如 INSERT、UPDATE、DELETE) 发生时，触发器会自动执行。

1. 创建存储过程

存储过程是一组为了完成特定功能的 SQL 语句集，它们可以被调用和重复使用。

```
DELIMITER //
CREATE PROCEDURE InsertNewUser(IN p_name VARCHAR(50), IN p_age INT)
BEGIN
    INSERT INTO my_table (name, age) VALUES (p_name, p_age);
END //
DELIMITER ;
```

调用存储过程：

```
CALL InsertNewUser('Bob', 30);
```

2. 创建触发器

触发器是数据库中的一种对象，它会在指定表上的 INSERT、UPDATE 或 DELETE 操作发生时自动执行。例如，删除 stu 表中的数据后会触发删除 grade 中相同 num 的所有数据。

stu 表数据如图 8-11 所示。

（编者注：图中命令关键字应大写，这是 Linux 软件造成的。图 8-12、图 8-13 相同。）

```
mysql> select * from stu;
+------+-------+------+---------+
| num  | name  | age  | class   |
+------+-------+------+---------+
|  102 | lucy  |   20 | class_B |
|  103 | lisi  |   21 | class_A |
|  104 | bear  |   22 | class_B |
|  105 | tom   |   22 | class_A |
|  101 | bob   |   19 | class_A |
+------+-------+------+---------+
5 rows in set (0.00 sec)

mysql> select * from grade;
+------+-------+------+
| num  | score | year |
+------+-------+------+
|  102 |    77 | 2020 |
|  102 |    88 | 2021 |
|  103 |    66 | 2020 |
|  103 |    77 | 2021 |
|  104 |    55 | 2020 |
|  104 |    66 | 2021 |
|  105 |    44 | 2020 |
|  105 |    55 | 2021 |
|  101 |    99 | 2020 |
|  101 |    88 | 2021 |
+------+-------+------+
10 rows in set (0.00 sec)
```

图 8-11　stu 表数据

创建触发器，如图 8-12 所示。

```
mysql> delimiter ||
mysql> create trigger my_trigger after delete on stu for each row
    -> begin
    -> delete from grade where num=old.num;
    -> end ||
Query OK, 0 rows affected (0.00 sec)

mysql> delimiter ;
```

图 8-12　创建触发器

测试触发器，如图 8-13 所示。

```
mysql> delete from stu where num=101;
Query OK, 1 row affected (0.00 sec)

mysql> select * from stu;
+------+------+------+---------+
| num  | name | age  | class   |
+------+------+------+---------+
|  102 | lucy |   20 | class_B |
|  103 | lisi |   21 | class_A |
|  104 | bear |   22 | class_B |
|  105 | tom  |   22 | class_A |
+------+------+------+---------+
4 rows in set (0.00 sec)

mysql> select * from grade;
+------+-------+------+
| num  | score | year |
+------+-------+------+
|  102 |    77 | 2020 |
|  102 |    88 | 2021 |
|  103 |    66 | 2020 |
|  103 |    77 | 2021 |
|  104 |    55 | 2020 |
|  104 |    66 | 2021 |
|  105 |    44 | 2020 |
|  105 |    55 | 2021 |
+------+-------+------+
8 rows in set (0.00 sec)
```

两张表中都没有num=101的数据

图 8-13   测试触发器

项目 9

综 合 案 例

素质目标

- 培养严谨的工作态度和数据库设计规范化意识;
- 具有一定的创新能力和团队协作精神。

知识目标

- 熟悉 SQL 语言的基本语法和用法,能够编写复杂的查询语句、存储过程和触发器,实现数据的增删改查操作;
- 了解银行业务的基本流程和规则,包括存款、贷款、转账、汇款等业务的操作流程和风险控制要求;
- 掌握软件开发的基本流程和方法,了解常用的开发工具和技术。

能力目标

- 数据库设计能力:能够根据银行业务需求,设计合理的数据库结构,包括表的设计、字段的选择、索引的创建等,确保数据的准确性和高效性。
- 系统开发能力:能够利用所学的数据库和编程语言知识,开发银行业务系统,实现业务需求的功能和界面,保证系统的稳定性和易用性。
- 解决问题的能力:在系统开发和维护过程中,能够独立分析问题原因,提出解决方案,并有效地解决问题。
- 团队协作能力:能够与团队成员有效沟通,协作完成项目开发任务,共同解决问题,提升团队整体的开发效率和质量。

▶ **案例导入**

基于 MySQL 的银行业务系统项目是一个涉及数据库技术、银行业务逻辑以及系统设计与开发等多个方面的综合性项目，通过项目开发实践，可以对本书所涵盖的数据库设计原理、开发技术、管理策略以及优化方法等方面的知识进行一次全面而深入的总结和巩固。项目不仅提供了一个宝贵的平台，让大家能够将理论知识与实际业务场景紧密结合，更可以通过解决项目开发中遇到的各类挑战和问题中，不断锤炼和提升对数据库管理系统的理解和应用能力。

在项目的初期阶段，要深入了解银行业务系统的需求和业务流程，对数据库设计进行详细的分析和规划。通过对数据库设计原理的学习，理解数据库结构、关系、约束等核心概念，并根据业务需求设计一套高效、稳定、安全的数据库方案。在数据库设计的过程中，应注重数据的完整性和一致性，通过合理的索引和分区策略，提高数据库的查询效率和性能。

随着项目的推进，可逐步掌握 MySQL 的开发技术和管理工具。同时，还可以学习MySQL 的管理策略和优化方法，包括备份恢复、性能监控、优化查询语句等，以确保数据库的稳定运行和高效性能。

基于 MySQL 的银行业务系统项目的开发实践，能够全面而深入地了解和掌握数据库管理系统的相关理论知识，还可以提高实际操作能力和解决问题的能力，为未来的职业发展奠定坚实的基础。

任务 9.1 案 例 分 析

9.1.1　需求概述

某银行是一家民办的小型金融机构。为了提升业务处理效率并确保数据的安全性，该行计划开发一套全新的管理系统，旨在通过计算机管理来优化其日常业务流程。该系统的核心目标是实现客户所期望的各项功能，并确保系统运行的稳定性，从而为客户和银行本身提供更加便捷、高效且安全的服务。

9.1.2　需求分析

常用的需求分析方法有调查客户的公司组织情况、各部门的业务需求情况，协助客户分析系统的各种业务需求、确定新系统的边界。

无论数据库的大小和复杂程度如何，在进行数据库的系统分析时，都可以参考下列基本步骤。

1. 收集信息

创建数据库之前，必须充分理解数据库需要完成的任务和功能。简单地说，需要了解数据库需要存储哪些信息（数据），实现哪些功能。以银行业务系统为例，需要了解银行业务系统具体功能，与后台数据库的关系。

(1) 用户结构表。后台数据库需要存放用户的基本信息，比如身份证号、联系电话、家庭住址、开户名等。

(2) 用户银行卡结构表。后台数据库需要存放用户银行卡的相关信息，如卡号、存款类型、开户日期、开户金额、余额等。

(3) 用户交易信息表。后台数据库需要存放用户交易信息，如交易卡号、日期、交易金额以及交易终端机的编号等。

(4) 存款类型结构表。后台数据库需要存放用户的存款类型编号和存款类型的名称以及备注描述等。

2. 标识对象（实体）

在收集需求信息后，必须标识数据库管理的关键对象或实体。对象可以是有形的事物，如人或产品；也可以是无形的事物，如商业交易、公司部门或发薪周期。在系统中标识这些对象以后，与它们相关的对象就会条理清楚。以银行业务系统为例，我们需要标识出系统中的主要对象（实体）。注意，对象一般是名词，一个对象只描述一件事情，不能重复出现含义相同的对象。

3. 标识每个对象需要存储的详细信息（属性）

将数据库中的主要对象标识为表的候选对象以后，下一步就是标识每个对象存储的详细信息，也称为该对象的属性，这些属性将组成表中的列。简单地说，就是需要细分出每个对象包含的子成员信息。以我们的银行业务系统为例，我们逐步分解每个对象的子成员信息。

(1) 用户结构表，包括用户编号、开户名、身份证、联系电话和居住地址。

(2) 用户银行卡，包含卡号、币种、存款类型编号、开户日期、开户金额、余额、密码、是否挂失和客户编号。

(3) 用户交易，包括交易日期、卡号、交易类型、交易金额和交易的终端机编号。

(4) 存款类型，包括存款类型编号、存款类型名称和描述。

分解时，含义相同的成员信息不能重复出现，例如联系方式和电话等。每个对象对应一张表，对象中的每个子成员对应表中的每一列。

4. 标识对象（实体）之间的关系

关系型数据库有一项非常强大的功能，它能够关联数据库中各个项目的相关信息。不同类型的信息可以单独存储，但是如果需要，数据库引擎可以根据需要将数据组合起来。在设计过程中，要标识对象之间的关系，需要分析数据库表，确定这些表在逻辑上是相关的，然后添加关系列建立起表之间的连接。

以银行业务系统项目为例，用户表和用户银行卡信息表有关系，我们需要在用户办理存取款业务中知道用户银行卡是对哪个具体用户在操作。

用户银行卡和用户交易信息表有关系，从交易信息表中可以查出是银行卡具体进行哪些交易以及交易类型信息等。

9.1.3　E-R 模型

1. 实体

所谓实体就是指现实世界中具有区分其他事物的特征或属性并与其他实体有联系的对象。例如，银行业务系统中的用户信息 (如张珊、李斯、王武等) 实体一般是名词，它对应表中的一行数据，例如张珊用户这个实体，将对应于"用户表"中张珊用户所在的一行数据，包括他的编号、开户名、身份证、联系方式等信息。严格地说，实体是指表中一行的特定数据，但我们在开发时，也常常把整个表称为一个实体。

2. 属性

属性可以理解为实体的特征。例如"用户"这一实体的属性有编号、开户名、身份证、联系方式等。属性对应表中的列。

3. 联系

联系是两个或多个实体之间的联系。用银行业务系统来说明，图 9-1 所示为银行客户和银行卡之间的关系。实体一般是名词，用矩形表示；属性一般也是名词，用椭圆表示；联系一般是动词，用菱形表示。

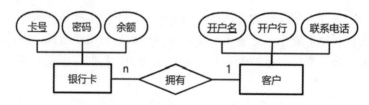

图 9-1　客户和银行卡关系 E-R 图

实体集 X 与实体集 Y 之间的联系分为以下三类。

(1) 一对一。X 中的一个实体最多与 Y 中的一个实体关联，并且 Y 中的一个实体最多与 X 中的一个实体关联。假定一个用户只能在一个银行办理一张银行卡，同时每个银行卡也只能有一个用户，那么用户实体和银行卡实体之间就是一对一联系，一对一联系也可以表示为 1：1。

(2) 一对多。X 中的一个实体可以与 Y 中的任意数量的实体关联。Y 中的一个实体最多与 X 中的一个实体关联。一个用户可以办理多张银行卡，所以说，用户实体和银行卡实体之间就是典型的一对多联系，一对多联系也可以表示为 1：n。

(3) 多对多。X 中的一个实体可以与 Y 中的任意数量的实体关联，反之亦然。假定一个用户的银行卡可以在多个终端机进行交易，一个终端机允许多个银行卡进行交易。用户银行卡实体和终端机交易之间就是典型的多对多联系，多对多联系也可以表示为 m：n。

4. 实体联系图

银行业务系统的 E-R 图如图 9-2 所示。

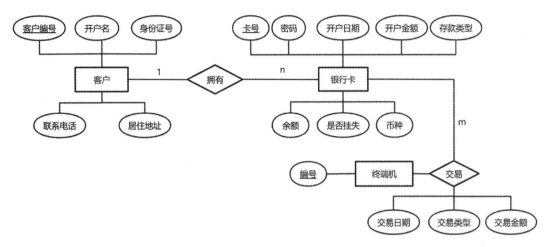

图 9-2 银行业务系统的 E-R 模型

绘制 E-R 模型图后，需要与客户反复地进行沟通，让客户提出修改意见，以确认系统中的数据处理需求是否正确和完整。

5. 将 E-R 图转换为关系模式

按照 E-R 图转换为关系模式的规则，将图 9-2 所示 E-R 图转换成以下关系模式：

客户 (<u>客户编号</u>, 开户名, 身份证号, 联系电话, 居住地址)

银行卡 (<u>卡号</u>, 密码, 开户日期, 开户金额, 存款类型, 余额, 是否挂失, 币种, 客户编号)

交易 (交易日期, 卡号, 交易类型, 交易金额, 终端机编号)

终端机 (<u>编号</u>)

对上述关系模式进行优化。"终端机"关系只有一个"编号"属性，并且此属性已经包含在"交易"关系中了，这个关系可以删除；"银行卡"关系中的"存款类型"为汉字，会出现大量的数据冗余，为减少数据冗余，可分出一个"存款类型"关系，包含"存款类型编号"和"存款类型名称"等属性，并将"银行卡"关系中的"存款类型"属性改为"存款类型编号"。

优化后的关系模式为：

客户 (<u>客户编号</u>, 开户名, 身份证号, 联系电话, 居住地址)

银行卡 (<u>卡号</u>, 密码, 开户日期, 开户金额, 存款类型编号, 余额, 币种, 是否挂失, 客户编号)

交易 (交易日期, 卡号, 交易类型, 交易金额, 终端机编号)

存款类型 (<u>存款类型编号</u>, 存款类型名称, 描述)

6. 数据规范的问题

在概要设计阶段，同一个项目 10 个设计人员将设计出 10 种不同的 E-R 图。不同的人从不同的角度，标识出不同的实体，实体又包含不同的属性，自然就设计出不同的 E-R 图。那么如何审核这些设计图？如何评审出最优的设计方案？这就是规范化 E-R 图。

(1) 一致性检查。确保所有的 E-R 图都遵循相同的业务需求和项目目标，检查是否存在重复的实体或属性，验证实体和关系是否都正确地反映了业务规则和约束。

(2) 完整性评估。评估 E-R 图是否涵盖了所有必要的业务实体和属性，检查是否所有必要的联系都已经定义，并且联系类型（一对一、一对多、多对多）是否都正确。

(3) 简洁性评估。避免冗余的实体和属性，检查是否有可以合并的实体或属性，以减少复杂性。验证实体和属性之间的关系是否符合业务逻辑，检查属性的数据类型、长度和约束是否准确。

(4) 规范化过程。应用数据库规范化理论（如第一范式、第二范式、第三范式等）来消除数据冗余和更新异常。注意不要过度规范化，以免查询性能下降或设计过于复杂。

任务 9.2 设 计 实 现

9.2.1 数据库表的结构设计

数据库表结构设计如表 9-1～表 9-4 所示。

表 9-1 客户表结构

字段名称	数据类型	字段解释	说　　明
customerID	int	客户编号	自动增量，从 1 开始，主键
customerName	varchar	开户名	必须填写
pId	char	身份证号	必填，只能是 18 位，唯一约束
telephone	varchar	联系电话	必填
address	varchar	居住地址	可选

表 9-2 银行卡表结构

字段名称	数据类型	字段解释	说　　明
cardID	char	卡号	必填，主键
curId	varchar	币种	外键，必填
savingID	tinyint	存款类型编号	必填，外键
openDate	datetime	开户日期	必填，默认为系统时间
openMoney	double	开户金额	必填
balance	double	金额	必填
password	char	密码	必填，6 位数字，默认 6 个 8
isreportLoss	int	是否挂失	必填，是为 1，否为 0
customerId	int	客户编号	外键，必填

表 9-3　交易表结构

字段名称	数据类型	字段解释	说　明
tradeData	datetime	交易日期	必填，默认系统时间
cardID	varchar	卡号	外键，必填
tradeType	char	交易类型	必填，只能是存入或者支取
tradeMoney	double	交易金额	必填，大于 0
machine	char	终端机编号	可选

表 9-4　存款类型表

字段名称	数据类型	字段解释	说　明
savingId	tinyint	存款类型编号	自增，从 1 开始、主键
savingName	varchar	存款类型名称	必填
descript	varchar	描述	可选

9.2.2　数据库的设计实现

在上面我们完成了数据库的 E-R 图逻辑设计。现在我们使用 SQL 语句实现具体的物理设计，包括创建库、创建表、添加约束。

1. 创建数据库

创建"银行业务系统"数据库 bankDB。创建数据库时要求检测是否存在 bankDB 数据库，如果存在，则先删除再创建。

语法格式：

```
DROP DATABASE IF EXISTS bankDB;
CREATE DATABASE bankDB;
```

执行完上面的命令后查询数据库，可以看到数据库 bankDB 创建成功。查看数据库如图 9-3 所示。

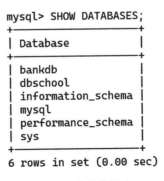

```
mysql> SHOW DATABASES;
+--------------------+
| Database           |
+--------------------+
| bankdb             |
| dbschool           |
| information_schema |
| mysql              |
| performance_schema |
| sys                |
+--------------------+
6 rows in set (0.00 sec)
```

图 9-3　查看数据库

2. 创建表

根据设计出来的银行业务系统数据库表结构，使用 CREATE TABLE 语句创建表。

1) 创建客户表

操作命令如下：

```
USE bankDB;
DROP TABLE IF EXISTS userinfor;
CREATE TABLE userInfo
(
customerID int AUTO_INCREMENT PRIMARY KEY,
customerName varchar(20) NOT NULL,
pid char(18) NOT NULL,
telephone varchar(15) NOT NULL,
address varchar(50)
);
```

2) 创建银行卡表

操作命令如下：

```
DROP TABLE IF EXISTS cardInfo;
CREATE TABLE cardInfo
(
cardID char(19) NOT NULL,
curID varchar(10) NOT NULL,
savingID tinyint NOT NULL,
openDate datetime NOT NULL,
openMoney double NOT NULL,
balance double NOT NULL,
password char(6) NOT NULL,
isreportLoss int NOT NULL,
customerID int NOT NULL
);
```

3) 创建交易表

操作命令如下：

```
CREATE TABLE tradeInfo
(
tradeDate datetime NOT NULL,
tradeType enum(' 存入 ', ' 支出 ') NOT NULL,
cardID char(19) NOT NULL,
tradeMoney float NOT NULL,
machine char(4)
);
```

4) 创建存款类型表

操作命令如下:

```
CREATE TABLE deposit
(
savingID tinyint AUTO_INCREMENT PRIMARY KEY,
savingName varchar(20) NOT NULL,
descript varchar(50)
);
```

3. 查看表

执行 SHOW TABLES 命令查看数据库 bankdb 中的表, 如图 9-4 所示。

```
mysql> SHOW TABLES;
+-----------------+
| Tables_in_bankdb |
+-----------------+
| cardinfo        |
| deposit         |
| tradeinfo       |
| userinfo        |
+-----------------+
4 rows in set (0.00 sec)
```

图 9-4　查看数据库 bankDB 中的表

4. 添加约束

根据银行业务, 分析表中每个字段对应的约束要求, 使用 ALTER TABLE 语句为表添加约束。注意, 为表添加主外键约束时, 要先添加主表的主键约束, 再添加子表的外键约束。

1) deposit 表的约束

savingID, 存款类型编号, 自动增量, 从 1 开始, 主键约束在创建表时已经建立。

添加约束后存款类型表结构如图 9-5 所示。

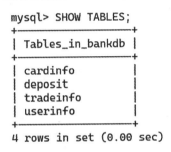

```
mysql> DESCRIBE deposit;
+-----------+-------------+------+-----+---------+----------------+
| Field     | Type        | Null | Key | Default | Extra          |
+-----------+-------------+------+-----+---------+----------------+
| savingID  | tinyint     | NO   | PRI | NULL    | auto_increment |
| savingname| varchar(20) | YES  |     | NULL    |                |
| descript  | varchar(50) | YES  |     | NULL    |                |
+-----------+-------------+------+-----+---------+----------------+
3 rows in set (0.00 sec)
```

图 9-5　存款类型表结构

2) userlnfo 表的约束

customerID, 客户编号, 自动增量, 从 1 开始, 主键约束在创建表时已经建立。

给 pId 添加唯一约束, 命令如下:

```
ALTER TABLE userInfo ADD CONSTRAINT  UQ_pId UNIQUE(pId);
```

添加完约束后如图 9-6 所示。

```
mysql> ALTER TABLE userInfo  ADD CONSTRAINT  UQ_pId UNIQUE(pId);
Query OK, 0 rows affected (0.02 sec)
Records: 0  Duplicates: 0  Warnings: 0

mysql> describe userinfo;
+--------------+-------------+------+-----+---------+----------------+
| Field        | Type        | Null | Key | Default | Extra          |
+--------------+-------------+------+-----+---------+----------------+
| customerID   | int         | NO   | PRI | NULL    | auto_increment |
| customerName | varchar(20) | NO   |     | NULL    |                |
| pId          | char(18)    | NO   | UNI | NULL    |                |
| telephone    | varchar(15) | NO   |     | NULL    |                |
| address      | varchar(50) | YES  |     | NULL    |                |
+--------------+-------------+------+-----+---------+----------------+
5 rows in set (0.00 sec)
```

图 9-6　客户表结构

3) cardInfo 表的约束

cardID：卡号，必填，主健。

curID：币种，必填，默认值为 RMB。

openDate：开户日期，必填，默认为系统当前日期。

Password：密码，必填，6 位数字，开户时默认为 6 个 8。

isReportLoss：是否挂失，必填，取值只能为是 (1) / 否 (0)，默认为否 (0)。

customerID：客户编号，外键，参照客户表的客户编号。

savingID：存款类型编号，必填，外键，参照存款类型表的存款类型编号。

操作命令如下：

ALTER TABLE cardInfo ADD CONSTRAINT PK_cardID PRIMARY KEY(cardID);

ALTER TABLE cardInfo ALTER curID SET DEFAULT "RMB";

ALTER TABLE cardInfo MODIFY COLUMN openDate DATETIME NOT NULL DEFAULT CURRENT_TIMESTAMP;

ALTER TABLE cardInfo ALTER password SET DEFAULT "888888";

ALTER TABLE cardInfo ALTER isReportLoss SET DEFAULT 0;

ALTER TABLE cardInfo

ADD CONSTRAINT FK_customerID FOREIGN KEY(customerID) REFERENCES userInfo (customerID);

ALTER TABLE cardInfo

ADD CONSTRAINT FK_savingID FOREIGN KEY(savingID) REFERENCES deposit(savingID);

添加完约束后如图 9-7 所示。

```
mysql> DESCRIBE cardinfo;
+--------------+-------------+------+-----+-------------------+-------------------+
| Field        | Type        | Null | Key | Default           | Extra             |
+--------------+-------------+------+-----+-------------------+-------------------+
| cardID       | char(19)    | NO   | PRI | NULL              |                   |
| curID        | varchar(10) | NO   |     | RMB               |                   |
| savingID     | tinyint     | NO   | MUL | NULL              |                   |
| openDate     | datetime    | NO   |     | CURRENT_TIMESTAMP | DEFAULT_GENERATED |
| openMoney    | double      | NO   |     | NULL              |                   |
| balance      | double      | NO   |     | NULL              |                   |
| password     | char(6)     | NO   |     | 888888            |                   |
| isreportLoss | int         | NO   |     | 0                 |                   |
| customerID   | int         | NO   | MUL | NULL              |                   |
+--------------+-------------+------+-----+-------------------+-------------------+
9 rows in set (0.00 sec)
```

图 9-7　银行卡表结构

4) tradeinfo 表的约束

cardID：卡号，必填，外键，普通索引。

tradeDate：交易日期，必填，默认为系统当前日期。

Machine：终端机编号。

cardID 和 tradeDate 为联合主键。

操作命令如下：

```
ALTER TABLE tradeInfo
ADD CONSTRAINT PK_cardID_tradeInfo PRIMARY KEY (cardID, tradeDate);
ALTER TABLE tradeInfo
ADD CONSTRAINT FK_cardID FOREIGN KEY (cardID) REFERENCES cardInfo(cardID);
ALTER TABLE tradeInfo
MODIFY COLUMN tradeDate datetime NOT NULL DEFAULT CURRENT_TIMESTAMP;
CREATE INDEX IX_cardID ON tradeInfo(cardID);
```

添加完约束后交易表结构如图 9-8 所示。

```
mysql> DESCRIBE tradeinfo;
+------------+-------------------+------+-----+-------------------+-------------------+
| Field      | Type              | Null | Key | Default           | Extra             |
+------------+-------------------+------+-----+-------------------+-------------------+
| tradeDate  | datetime          | NO   | PRI | CURRENT_TIMESTAMP | DEFAULT_GENERATED |
| tradeType  | enum('存入','支取')| NO   |     | NULL              |                   |
| cardID     | char(19)          | NO   | PRI | NULL              |                   |
| tradeMoney | float             | NO   |     | NULL              |                   |
| machine    | char(4)           | YES  |     | NULL              |                   |
+------------+-------------------+------+-----+-------------------+-------------------+
5 rows in set (0.00 sec)
```

图 9-8 交易表结构

9.2.3 插入测试数据

使用 SQL 语句向数据库中插入测试数据，人工填写卡号，暂不随机产生。测试数据如表 9-5、表 9-6 所示。

表 9-5 客户信息测试数据

姓名	身 份 证 号	联系电话	地 址	开户金额	存款类型	卡 号
张珊	130110196012213211	02912345678	陕西西安	1000	活期	6227266612345678
李斯	612323197903093612	03712345678	河南郑州	6000	定期一年	6227266656781234
王武	612323198912093421	03597896543	山西运城	5000	定期 2 年	6227266612121004
赵柳	140221197809103415	13309178765	甘肃武威	1000	定期 2 年	6227266612671778
孙田	410202198403073417	18609129867	陕西汉中	100	定期 2 年	6227266667679988

表 9-6   存款类型测试数据

存款类型编号	存款类型名称	描　　述
1	活期	按存款日结算利息
2	定期一年	存款期 1 年
3	定期二年	存款期 2 年
4	定期三年	存款期 3 年
5	零存整取一年	存款 1 年
6	零存整取二年	存款 2 年
7	零存整取三年	存款 3 年
8	存本取息五年	按月取利

操作命令如下：

```
# 插入客户信息
INSERT INTO userInfo(customerName, PID, telephone, address)
VALUES (' 张珊 ', '130101601221321 11', '02912345678', ' 陕西西安 ');
INSERT INTO userInfo(customerName, PID, telephone, address)
VALUES (' 李斯 ', '612323197903093612', '03712345678', ' 河南郑州 ');
INSERT INTO userInfo(customerName, PID, telephone, address)
VALUES (' 王武 ', '612323198912093421', '03597896543', ' 山西运城 ');
INSERT INTO userInfo (customerName, PID, telephone, address)
VALUES (' 赵柳 ', '140221197809103415', '13309178765', 甘肃武威 );
INSERT INTO userInfo (customerName, PID, telephone, address)
VALUES (' 孙田 ', '140221199303101622', '18609129867', ' 陕西汉中 ');
SELECT * FROM userinfo;
# 插入银行卡信息
INSERT INTO cardInfo(cardID, savingID, openMoney, balance, customerID)
VALUES ('6227 2666 1234 5678', 1, 1000, 1000, 1);
INSERT INTO cardInfo(cardID, savingID, openMoney, balance, customerID)
VALUES ('6227 2666 5678 1234', 2, 6000, 6000, 2);
INSERT INTO cardInfo(cardID, savingID, openMoney, balance, customerID)
VALUES ('6227 2666 1212 1004', 2, 5000, 5000, 3);
INSERT INTO cardInfo (cardID, savingID, openMoney, balance, customerID)
VALUES ('6227 2666 1267 1778', 3, 1000, 1000,(SELECT customerID FROM userInfo WHERE
customerName = ' 赵柳 '));
INSERT INTO cardInfo (cardID, savingID, openMoney, balance, customerID)
VALUES ('6227 2666 6767 9988',3,100,100,5);
SELECT * FROM cardinfo;
# 插入存款类型数据
```

```
INSERT INTO deposit(savingName,descript) VALUES(' 活期 ',' 按存款日结算利息 ');
INSERT INTO deposit(savingName,descript) VALUES(' 定期一年 ',' 存款期 1 年 ');
INSERT INTO deposit(savingName,descript) VALUES(' 定期二年 ',' 存款期 2 年 ');
INSERT INTO deposit(savingName,descript) VALUES(' 定期三年 ',' 存款期 3 年 ');
INSERT INTO deposit(savingName,descript) VALUES(' 按定活两便 ');
INSERT INTO deposit(savingName,descript) VALUES(' 零存整取一年 ',' 存款 1 年 ');
INSERT INTO deposit(savingName,descript) VALUES(' 零存整取二年 ',' 存款 2 年 ');
INSERT INTO deposit(savingName,descript) VALUES(' 零存整取三年 ',' 存款 3 年 ');
INSERT INTO deposit(savingName,descript) VALUES(' 存本取息五年 ',' 按月取利 ');
SELECT * FROM deposit;
```

插入如下交易信息：

张珊 (卡号为 6227 2666 1234 5678) 取款 900 元，

李斯 (卡号为 6227 2666 5678 1234) 取款 1900 元，

王武 (卡号为 6227 2666 1212 1004) 存款 300 元，

赵柳 (卡号为 6227 2666 1267 1778) 存款 1000 元，

孙田 (卡号为 6227 2666 6767 9988) 存款 5000 元。

要求保存交易记录，以便客户查询和银行统计业务。

如张珊取款 900 元，应在交易信息表 (tradeInfo) 中添加一条交易记录，同时应自动更新银行卡表 (cardInfo) 中的现有余额 (减少 900 元)，先假定手动插入更新信息。

要保证业务数据的一致性和完整性。客户持银行卡办理存款和取款业务时，银行要记录每笔交易的账目，并修改该银行卡的存款余额。

注意数据插入的顺序。为了保证主外键的约束关系，建议先插入主表中的数据，再插入子表中数据。

以张珊为例，说明客户进行存取款的操作过程。

(1) 客户取款时需要记录交易账目并修改存款余额，操作分两步完成。

① 在交易表中插入交易记录。

操作命令如下：

```
INSERT INTO tradeInfo(tradeType,cardId,tradeMoney)
VALUES(' 存入 ','6227 2666 1234 5678',900);
```

② 更新银行卡信息表中的现有余额。

操作命令如下：

```
UPDATE cardInfo SET balance=balance-900 WHERE cardID='6227 2666 1234 5678';
```

(2) 客户存款时需要记录交易账目并修改存款余额，操作分两步完成。

① 在交易表中插入交易记录。

操作命令如下：

```
INSERT INTO tradeInfo(tradeType,cardId,tradeMoney)
VALUES(' 存入 ','6227 2666 5678 1234',5000);
```

② 更新银行卡信息表中的现有余额。

操作命令如下：

```
UPDATE cardInfo SET balance=balance+5000 WHERE cardID='6227 2666 5678 1234';
# 交易信息表插入数据
-- 插入交易记录并更新银行卡表中的现有余额（支取）
INSERT INTO tradeInfo (tradeType, cardID, tradeMoney)
VALUES (' 支取 ', '6227 2666 1234 5678',900);
UPDATE cardInfo SET balance = balance - 900 WHERE cardID = '6227 2666 1234 5678';
-- 插入交易记录（存入）
INSERT INTO tradeInfo (tradeType, cardID, tradeMoney)
VALUES (' 存入 ', '6227 2666 1212 1004',300);
UPDATE cardInfo SET balance = balance + 300 WHERE cardID = '6227 2666 1212 1004';
-- 插入交易记录（存入）
INSERT INTO tradeInfo (tradeType, cardID, tradeMoney)
VALUES (' 存入 ', '6227266612671778',1000);
UPDATE cardInfo SET balance = balance + 1000 WHERE cardID = '6227 2666 1267 1778';
-- 插入交易记录（支取）
INSERT INTO tradeInfo (tradeType, cardID, tradeMoney)
VALUES (' 支取 ', '6227266656781234',1900);
UPDATE cardInfo SET balance = balance - 1900 WHERE cardID = '6227 2666 5678 1234';
-- 插入交易记录（存入）
INSERT INTO tradeInfo (tradeType, cardID, tradeMoney)
VALUES (' 存入 ', '6227266667679988',5000);
UPDATE cardInfo SET balance = balance + 5000 WHERE cardID = '6227 2666 6767 9988';
```

检查测试数据是否正确，相关操作命令如下：

```
SELECT * FROM cardInfo;
SELECT * FROM tradeInfo;
```

9.2.4　用 SQL 语句实现银行的日常业务

1. 修改客户密码

首先，我们需要修改 cardInfo 表中张珊和李斯的银行卡密码。cardInfo 表中 password 列用于存储密码。

```
-- 修改张珊的银行卡密码为 123456
UPDATE cardInfo SET password='123456' WHERE cardID='6227266612345678';
-- 修改李斯的银行卡密码为 123123
UPDATE cardInfo SET password='123123' WHERE cardID='6227266656781234';
-- 查询修改后的账户信息
SELECT * FROM cardInfo WHERE cardID IN ('6227266612345678', '6227266656781234');
```

2. 办理银行卡挂失

接下来，我们需要将李斯的银行卡标记为挂失。cardInfo 表中有一个名为 isreportLoss 的列，用于表示银行卡是否已挂失 (1 表示挂失，0 表示未挂失)。

```sql
-- 将李斯的银行卡标记为挂失
UPDATE cardInfo SET isReportLoss=1 WHERE cardID='6227266656781234';
-- 查询修改后的账户信息，包括是否挂失和客户姓名
SELECT
cardID AS 卡号 ,
curID AS 货币 ,
savingName AS 储蓄种类 ,
openDate AS 开户日期 ,
openMoney AS 开户金额 ,
balance AS 余额 ,
password AS 密码 ,
CASE isReportLoss
    WHEN 1 THEN ' 挂失 '
    ELSE ' 未挂失 '
END AS 是否挂失 ,
userInfo.customerName AS 客户姓名
FROM cardInfo INNER JOIN deposit ON cardInfo.savingID = deposit.savingID
INNER JOIN userInfo ON cardInfo.customerID = userInfo.customerID
WHERE cardID IN ('6227266612345678', '6227266656781234');
```

注意：密码通常不会以明文形式存储在数据库中，而是会进行加密处理，因此在实际应用中，密码的修改和查询可能需要不同的逻辑。

3. 查询本周开户信息

查询本周开户的卡号及该卡的相关信息。利用 DATA_SUB() 函数从某一日减去指定的时间间隔。

```
DATA_SUB(date,INTERVAL expr type)
```

date—合法的日期表达式。expr—指定的时间间隔。type—间隔类型，有 microsecond、second、minute、hour、day、week、month、year 等。

查询本周开户的卡号，显示该卡相关信息。

```sql
SELECT
c.cardID AS 卡号 ,
u.customerName AS 客户姓名 ,
c.curID AS 货币 ,
d.savingName AS 存款类型 ,
```

```
CASE c.isReportLoss
    WHEN 1 THEN ' 挂失账户 '
    WHEN 0 THEN ' 正常账户 '
END AS 账户状态
FROM cardInfo c INNER JOIN userInfo u ON c.customerID = u.customerID  -- 修正 JOIN 的条件
INNER JOIN deposit d ON c.savingID = d.savingID
WHERE c.openDate >= CURDATE()-INTERVAL (WEEKDAY(CURDATE())+7)%7 DAY;  -- 修正
日期条件
```

注意:

上面的 WHERE 子句中的日期条件假设周日是周的开始。如果你的数据库将周一视为周的开始,就要调整条件。如果周一是一周的开始,可以使用以下条件:

```
WHERE c.openDate >= CURDATE() - INTERVAL WEEKDAY(CURDATE()) DAY
    AND c.openDate < CURDATE() - INTERVAL WEEKDAY(CURDATE()) DAY + INTERVAL 7 DAY;
```

4. 查询本月交易金额最高的卡号

查询本月存取款交易金额最高的卡号信息。在交易信息表中,采用子查询和 DISTINCT 子句去掉重复的卡号。

查询本月交易金额最高的卡号

```
SELECT DISTINCT cardID FROM tradeInfo
WHERE tradeMoney=(SELECT MAX(tradeMoney) FROM tradeInfo
WHERE tradeDate>DATE_SUB (CURDATE () ,INTERVAL 1 MONTH));
```

5. 查询挂失客户任务描述

查询挂失账号的客户信息。利用子查询 IN 的方式或内连接 INNER JOIN。

(1) 查询挂失账号的客户信息。

操作命令如下:

```
SELECT customerName 客户名称 ,telephone 联系电话 FROM userInfo
WHERE customerID IN(SELECT customerID FROM cardInfo WHERE isReportLoss=l);
```

(2) 催款提醒业务。

根据某种业务的需要,如代缴电话费,代缴手机费等,每个月末查询出余额少于 200 元的客户账号,由银行统一致电催缴。我们利用连接查询或者子查询。其操作命令如下:

```
SELECT
userInfo.customerName AS 客户名称 ,
userInfo.telephone AS 联系电话 ,
cardInfo.balance AS 存款余额
FROM userInfo  INNER JOIN cardInfo ON cardInfo.customerID = userInfo.customerID
WHERE cardInfo.balance < 200;
```

9.2.5　创建和使用视图

为了向客户提供友好的用户界面，使用 SQL 语句创建下面几个视图，使用这些视图查询并输出各表的信息。

view_user 视图：输出银行客户记录。

view_card 视图：输出银行卡记录。

view_trade 视图：输出银行卡的交易记录。

1. 创建客户表视图并查询

操作命令如下：

```
DROP VIEW IF EXISTS view_user;
CREATE VIEW view_user
AS
SELECT
customerID AS 客户编号 ,
customerName AS 开户名 ,
PID AS 身份证号 ,
telephone AS 电话号码 ,
address AS 居住地址
FROM userInfo;
SELECT * FROM view_user;
```

2. 创建视图，查询银行卡信息

操作命令如下：

```
DROP VIEW IF EXISTS view_card;
CREATE VIEW view_card
AS
SELECT
c.cardID AS 卡号 ,
u.customerName AS 客户姓名 ,
c.culID AS 货币种类 ,
d.savingName AS 存款类型 ,
c.openDate AS 开户日期 ,
c.balance AS 存款余额 ,
c.password AS 密码 ,
CASE c.isReportLoss
    WHEN 1 THEN ' 挂失 '
    WHEN 0 THEN ' 正常 '
END AS 账户状态
FROM cardInfo c INNER JOIN userInfo u ON c.customerID = u.customerID
INNER JOIN deposit d ON c.savingID = d.savingID;
```

9.2.6 使用事务和存储过程实现业务处理

1. 实现存款或取款业务任务描述

(1) 根据银行卡号和交易金额，实现银行卡的存款和取款业务。

(2) 每一笔存款、取款业务都要记入银行交易账目，并同时更新客户的存款余额。

(3) 如果是取款业务，在记账之前，要检查存款余额是否小于 0 元。如果是，则取消本次取款操作。

任务要求：

编写一个存储过程实现存款和取款业务，并对其进行测试。

测试数据：

(1) 张珊 (卡号为 6227 2666 1234 5678) 支取 300 元。

(2) 李斯 (卡号为 6227 2666 4312 3455) 存入 500 元。

在存储过程中引用事务机制，以保证数据操作的一致性。客户取款之后，如果存款余额小于 0 元，则回滚事务。

操作命令如下：

```
DROP PROCEDURE IF EXISTS trade_proc;
CREATE PROCEDURE
trade_proc(IN t_type CHAR(2),IN t_money DOUBLE,IN card_id CHAR(19),IN m_id CHAR(8))
BEGIN
    DECLARE ye DOUBLE;
    START TRANSACTION;
    IF t_type = ' 支取 ' THEN
        INSERT INTO tradeInfo(tradeType, cardID, tradeMoney, machine)
                    VALUES(t_type, card_id, t_money, m_id);
        UPDATE cardInfo SET balance = balance - t_money WHERE cardID = card_id;
        SELECT balance INTO ye FROM cardInfo WHERE cardID = card_id;
        IF ye < 0 THEN
            SELECT ' 余额不足 ';
            ROLLBACK;
        ELSE
            COMMIT;
        END IF;
    END IF;


    IF t_type = ' 存入 ' THEN
        INSERT INTO tradeInfo(tradeType, cardID, tradeMoney, machine)
                    VALUES(t_type, card_id, t_money, m_id);
```

```
            UPDATE cardInfo SET balance = balance + t_money WHERE cardID = card_id;
            COMMIT;
        END IF;
    END //
    DELIMITER ;
```

2. 产生随机卡号

创建存储过程产生 8 位随机数字，与前 8 位固定的数字"62272666"连接，生成由 16 位数字组成的银行卡号并输出。

使用随机函数生成银行卡后 8 位数字。

随机函数的用法：RAND(随机种子)

将产生 0～1 的随机数，要求每次产生随机数所用的随机种子都不一样。一般采用的算法是：随机种子 = 当前的月份数 × 100 000 + 当前的分钟数 × 1000 + 当前的秒数 × 100；产生了 0～1 的随机数后，取小数点后 8 位。

产生随机卡号的存储过程 (用当前月份数 / 当前分钟数 / 当前秒数乘以一定的系数作为随机种子)，相关操作命令如下：

```
    DROP PROCEDURE IF EXISTS use_randCardID;
    DELIMITER //
    CREATE PROCEDURE use_randCardID(OUT randCardID CHAR(19))
    BEGIN
        DECLARE r DECIMAL(15,8);
        DECLARE tempStr CHAR(10);
        SET r = RAND();
        SET tempStr = LPAD(FLOOR(r * 100000000), 10, '0');
        -- 拼接随机卡号，注意使用单引号 '
        SET randCardID = CONCAT('6227 2666 ',SUBSTRING(tempStr,3,4),SUBSTRING(tempStr,7,4));
    END //
    DELIMITER ;
    -- 测试产生随机卡号
    SET @kh = "";
    CALL use_randCardID(@kh);
    SELECT @kh;
```

3. 统计银行资金流通余额并结算盈利任务描述

存入代表资金流入，支取代表资金流出。

计算公式：资金流通金额 = 总存入金额 − 总支取金额。假定存款利率为千分之三，贷款利率为千分之八。

计算公式为：盈利结算 = 总支取金额 × 0.008 − 总存入金额 × 0.003。

定义两个变量存放总存入金额和总支取金额，使用 sum() 函数进行汇总。

操作命令如下：

```
ELIMITER //
CREATE PROCEDURE profit_proc(OUT yl DOUBLE)
BEGIN
    DECLARE l_in DOUBLE;
    DECLARE l_out DOUBLE;
    SELECT SUM(tradeMoney) INTO l_in FROM tradeInfo WHERE tradeType = ' 存入 ';
    SELECT SUM(tradeMoney) INTO l_out FROM tradeInfo WHERE tradeType = ' 支取 ';
    SET yl = l_out * 0.008 - l_in * 0.003;
END //
DELIMITER ;
```

4. 利用事务实现转账业务

(1) 使用事务和存储过程实现转账业务。操作步骤如下：

① 从某一个账户中支取一定金额的存款。

② 将支取金额存入到另一个指定的账户中。

③ 将交易信息保存到交易表中。

(2) 转账业务的存储过程。

现实中的 ATM 机依靠读卡器读出转账人的银行卡号，通过 ATM 机界面输入被转账人的卡号。操作命令如下：

```
DROP PROCEDURE IF EXISTS use_tradefer;
DELIMITER //
CREATE PROCEDURE use_tradefer(
    IN Out_id CHAR(19),
    IN in_id CHAR(19),
    IN z_je DOUBLE,
    IN m_id CHAR(8)
)
MODIFIES SQL DATA
BEGIN
    DECLARE ye DOUBLE;
    DECLARE err INT DEFAULT 0;
    DECLARE CONTINUE HANDLER FOR SQLEXCEPTION SET err = err + 1;
    IF NOT EXISTS(SELECT * FROM cardInfo WHERE cardID = in_id) THEN
        SELECT ' 被转账人账户不存在 ';
    ELSEIF NOT EXISTS(SELECT * FROM cardInfo WHERE cardID = Out_id) THEN
        SELECT ' 转账人账户不存在 ';
    ELSE
```

```
        SELECT balance INTO ye FROM cardInfo WHERE cardID = Out_id;
        IF ye < z_je THEN
            SELECT ' 账户余额不够 ';
        ELSE
            START TRANSACTION;
            UPDATE cardInfo SET balance = balance - z_je WHERE cardID = Out_id;
            UPDATE cardInfo SET balance = balance + z_je WHERE cardID = in_id;
            INSERT INTO tradeInfo(tradeType, cardID, tradeMoney, machine)
                            VALUES(' 支取 ', Out_id, z_je, m_id);
            INSERT INTO tradeInfo(tradeType, cardID, tradeMoney, machine)
                            VALUES(' 存入 ', in_id, z_je, m_id);
            IF err = 0 THEN
                COMMIT;
            ELSE
                ROLLBACK;
                SELECT ' 发生异常，操作已回滚 ';
            END IF;
        END IF;
    END IF;
END //
DELIMITER ;
```

5. 测试上述事务存储过程

从李斯的账户转账 2000 元到张珊的账户。

操作命令如下：

```
CALL use_tradefer("6227 2666 1234 5678","6227 2666 6767 9988",2000,"12345678");
SELECT * FROM cardinfo;
SELECT* FROM tradeinfo;
```

参 考 文 献

[1] 张素青，王利. SQL Server 2008 数据库应用技术 [M]. 2 版. 北京：人民邮电出版社，2019.

[2] 何小苑，陈惠影. MySQL 数据库应用与管理项目化教程（微课版）[M]. 西安：西安电子科技大学出版社，2021.

[3] 李士勇，杜娟. MySQL 数据库应用技术 [M]. 北京：北京邮电大学出版社，2019.

[4] 黄靖. MySQL 数据库程序设计 [M]. 北京：高等教育出版社，2020.

[5] 周德伟. MySQL 数据库基础实例教程（微课版）[M]. 2 版. 北京：人民邮电出版社，2022.

[6] 石坤泉，汤双霞. MySQL 数据库任务驱动式教程（微课版）[M]. 3 版. 北京：人民邮电出版社，2022.

[7] 钱冬云，潘益婷，吴刚，等. MySQL 数据库应用项目教程 [M]. 北京：清华大学出版社，2019.

[8] 张治斌. MySQL 数据库应用开发 [M]. 北京：电子工业出版社，2023.

[9] 郑明秋，蒙连超，赵海侠. MySQL 数据库实用教程 [M]. 北京：北京理工大学出版社，2020.

[10] 王英英. MySQL8 从入门到精通（视频教学版）[M]. 北京：清华大学出版社，2019.

[11] 邓明杨，李忠雄. 基于 JAVA Web 技术的网上书城的设计与实现 [J]. 计算机产品与流通，2020(5)：159-160.

[12] 冯立增，宋久祥，魏敬典，等. 基于 HBase 的双数据库在纺织信息化平台的改造与实现 [J]. 工业仪表与自动化装置，2020(2)：123-127.

[13] 段震. 浅谈 MySQL 数据库有关数据备份的几种方法 [J]. 山西电子技术，2020(2)：17-18.

[14] 张振超，吴杰，陈序蓬. 浅谈 Java 中 MySQL 数据库的连接与操作 [J]. 信息记录材料，2020，21(2)：144-145.

[15] 华文立，江国粹. MySQL 数据库应用与开发 [M]. 西安：西北工业大学出版社，2022.

[16] 武洪萍，孟秀锦，孙灿. MySQL 数据库原理及应用（微课版）[M]. 3 版. 北京：人民邮电出版社，2021.

[17] 刘斌，赵伟明，涂铁. MySQL 数据库技术及应用 [M]. 哈尔滨：哈尔滨工程大学出版社，2021.